はじめての
パワーエレクトロニクス
電気の基本からよくわかる

森本 雅之 著
MORIMOTO Masayuki

Power Electronics

森北出版株式会社

●本書のサポート情報を当社Webサイトに掲載する場合があります.
下記のURLにアクセスし，サポートの案内をご覧ください.

https://www.morikita.co.jp/support/

●本書の内容に関するご質問は，森北出版 出版部「(書名を明記)」係宛に書面にて，もしくは下記のe-mailアドレスまでお願いします．なお，電話でのご質問には応じかねますので，あらかじめご了承ください.

editor@morikita.co.jp

●本書により得られた情報の使用から生じるいかなる損害についても，当社および本書の著者は責任を負わないものとします.

はじめに

21 世紀になって，われわれを取り巻く世界が大きく変貌した．それは 5G，IoT，AI などのキーワードで語られている．このような新しいことがらは情報処理や通信を中心としたソフトウェア中心の技術であると考えられているが，実は，モータやアクチュエータなど，実際に機器を動かすハードウェアの技術の進歩も大きくかかわっている．特にパワーエレクトロニクスの技術は，モータの制御や電気エネルギを利用するために必要な基本的な技術であり，その貢献も忘れることができない．

実は，現在のわれわれの周囲のほとんどの機械や装置にはパワーエレクトロニクス機器が組み込まれている．しかも，パワーエレクトロニクスの機能，性能がそれらの機械や装置の機能，性能を左右してしまうことも多くなっている．いまやパワーエレクトロニクスは，すべての人に関係する技術になってきたのである．

パワーエレクトロニクスは，電力変換技術ととらえられてきた．電力変換とは，電気工学の一分野であり，学校ではいわゆる強電分野の学生が学ぶ専門科目であった．理工系の学生といえども，機械系，情報系などの専攻ではパワーエレクトロニクスを深く学ぶことがなかった．しかし，パワーエレクトロニクスの広がりから，現代の社会で活躍している多くのエンジニアにとって，パワーエレクトロニクスの基本は理解しておくべき必須のこととなってきている．そこで，本書はそのような電気系以外出身のエンジニアでも理解できるように，パワーエレクトロニクスの本質を解説することを目的として執筆したものである．

パワーエレクトロニクス（Power Electronics）の「エレクトロニクス」を日本語で言うと，電子工学である．「パワー」は電力である．つまり，そのまま直訳すると「電力（の）電子工学」となる．パワーエレクトロニクスの定義は「高電圧，大電流を扱うエレクトロニクスであり，電力の制御を行う技術」となっている．つまり，パワーエレクトロニクスは電力を扱うエレクトロニクスであると考えればよい．

では，パワーエレクトロニクスは一般に言われている，いわゆるエレクトロニクスとどう違うのかについて述べよう．パワーエレクトロニクスと一般的なエレクトロニクスのイメージを比較すると**表 0.1** のようになる．エレクトロニクスは電子を利用した信号を扱う技術である．信号を処理したり，情報を伝達したりすることで，見たり，聞いたりできる．扱っているのは信号のみであり，信号の電力は微小である．いわゆる弱電である．一方，パワーエレクトロニクスは電気エネルギを扱う技術であり，電気エネルギを利用するために電力を制御する技術である．電力の大きいもの，動くものに使われる．

表 0.1　パワーエレクトロニクスとエレクトロニクスの比較

	パワーエレクトロニクス（Power Electronics）	エレクトロニクス（Electronics）
俗称	強電	弱電
学術分野	電気工学分野	電子工学分野
	電気エネルギの輸送，および電気エネルギを他の形態のエネルギに変換する分野	電気信号を通信・制御・情報に用いる分野
	電気エネルギの利用技術	電気信号の利用技術
扱う対象	電気エネルギ	電気信号
電流と電圧	高電圧	低電圧（おおむね 30 V 以下）
	大電流	微小電流（mA 以下，通常は μA）
使い方	電力の変換と制御	電気信号の処理，伝達，計測
	電力の形を変える，モノを動かす，温める，冷やす	見る，聞く，答えを出す，示す

パワーエレクトロニクスは最近では略して「パワエレ」と呼ばれることが多い．本書でも以後はパワエレと呼ぶことにする．

次に，パワエレを使った制御について述べよう．**図 0.1** に示すように，パワエレによりファンを駆動することを考える．パワエレが直接制御しているのはモータである．モータはファンを回し，ファンは風を作り出す．風速や風量は空気のもつ運動エネルギを表している．パワエレは電源から供給された電気エネルギをモータの回転にふさわしい形態の電力に変換し，モータを駆動する．

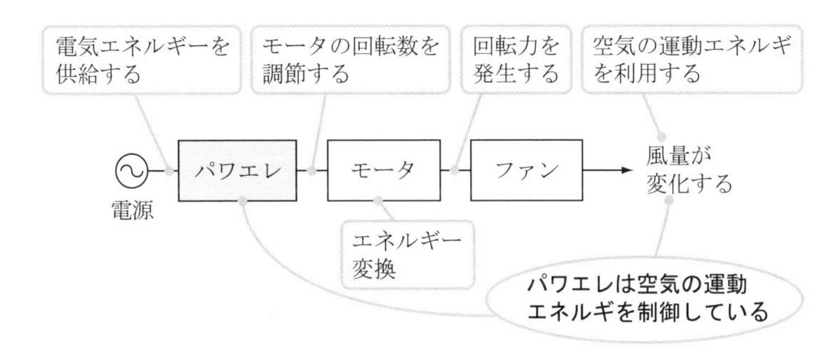

図 **0.1**　パワエレによる制御

パワエレによりモータの回転を調節することで風速を調節している．つまり，パワエレは空気の運動エネルギを制御しているのである．

この場合，モータは電気エネルギを回転運動のエネルギに変換している．ファンは回転の運動エネルギを空気の運動エネルギに変換している．つまり，パワエレは電力の形態を調節することにより，エネルギ変換機器を介して，最終的には空気の運動エネルギを制御している．パワエレはエネルギ制御を行っているのである．

本書は電気系出身者以外にもパワエレの本質が理解できるように執筆したつもりである．そのため，電気の基本事項を述べることから出発している．読者には自分の出発点をそれぞれ決めていただき，そこから読んでいただければよろしいと考えている．本書がパワエレを理解しているエンジニアの増加の一助となれば幸いである．

2020 年　筆者

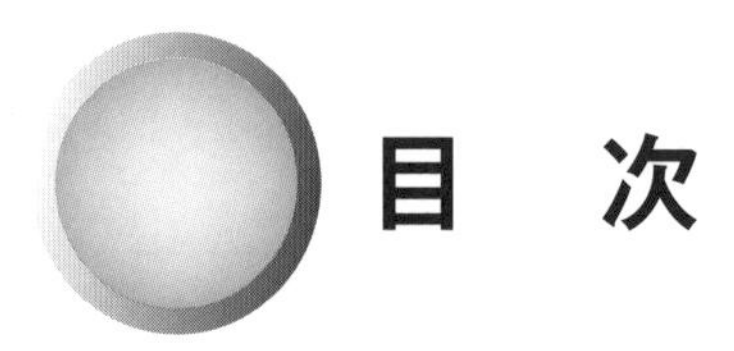

目　次

電気の基礎

パワエレは電気を扱う技術である．そこで，まず電気の基礎について説明することから始める．電気の基本である電圧と電流，磁気，電流の働きなどについて説明してゆく．

1.1　電圧と電流

電圧と電流という言葉は，いずれも電気の量や状態を指している．電圧と電流は似たような言葉で，1 文字違いではある．しかし，電圧と電流は大違いである．「電」という文字を「水」に代えて，水圧と水流に置き換えてみよう．水の流れを考えたとき，水圧と水流はどう違うだろうか？　板を流れに直角に入れて，水をせき止めようことを考えよう．板には水の流れの力がかかり，板を押さえておくには力が必要である．これが「水圧」である．

では水流はどうだろうか？　水が勢いよく流れているか，ちょろちょろ流れているかを量として「水流」で表す．流れている水量に対し，「水流が多い／少ない」と言うと思う．水流が多いと水圧も高い．しかし，水流を決めるのは水圧だけでなく，水路の大きさや勾配など，いろいろな要因が関係する．

実は，電圧と電流もこれと似たような関係にある．電圧は電気の圧力のようなもので，電流は電気の流れのようなものである．電圧も電流もいずれも電気の状態を表す量である．しかし，電圧と電流には密接な関係があり，水圧と水流の関係とは意味することが大きく違うと考えてほしい．

1.2　電流とは

電流が流れるとはどのようなことかについて説明しよう．そのため，まず電流が流れる物質の内部構造を考える．銅や鉄などの金属には電流が流れる．金属は固体の状態では結晶となっている．結晶とは原子が規則正しくびっしり並んでいる状態である．原子の中心には原子核があり，その周りを電子が回っている．原子核を回る電子は，ある決まった軌道上を回っている（周回軌道と呼ぶ）．

中心にある原子核はプラスの電荷をもっている．電荷とは電気の基本量である[1]．一方，電子はそれぞれがマイナスの電荷を一つもっている．原子核の電荷の量（大きさ）と周回している電子の数は対応しているが，原子や原子の状態によって異なる（**図 1.1**）．

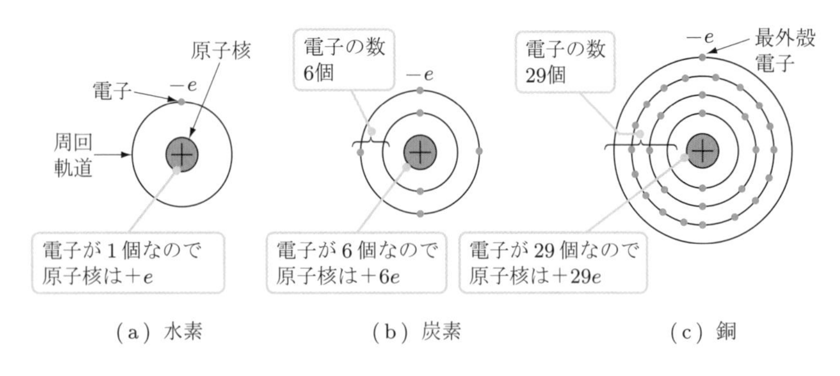

図 1.1　原子

結晶中の原子の内部で，原子核から見て最も外側の軌道を周回している電子（最外殻電子という）は原子核との距離が大きい．そのため，最外殻電子のマイナスの電荷と原子核のプラスの電荷との間の吸引力が弱い．このような最外殻電子はわずかな熱や光などのエネルギが与えられると，周回している軌道を離脱してしまう．離脱した電子は結晶の内部を自由に移動するようになる．これを**自由電子**という（**図 1.2**）．自由電子は結晶の中で自由に動き回っている．

電流を流すための導線は，銅やアルミニウムなどの金属の結晶を使っている．つまり，導線の内部には自由電子があり，自由電子が導線の内部を動き回っている．**図 1.3** に示す豆電球と乾電池の回路で考えてみよう．豆電球の内部にあ

1　電荷の単位は [C]（クーロン）で表す．電子 1 個のもつ電荷 e は $e = -1.6 \times 10^{-19}$ C という小さな値である．これが最小の電荷であり，すべての電荷量は $2e$，$3e$，$4e$ というように e の整数倍の値にしかならない．

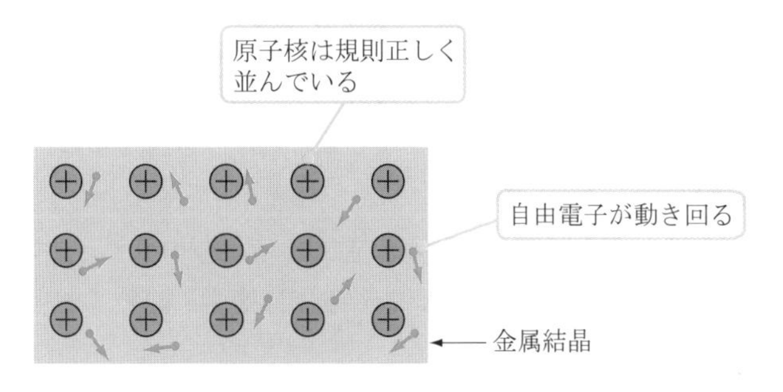

▷ 図 1.2　自由電子

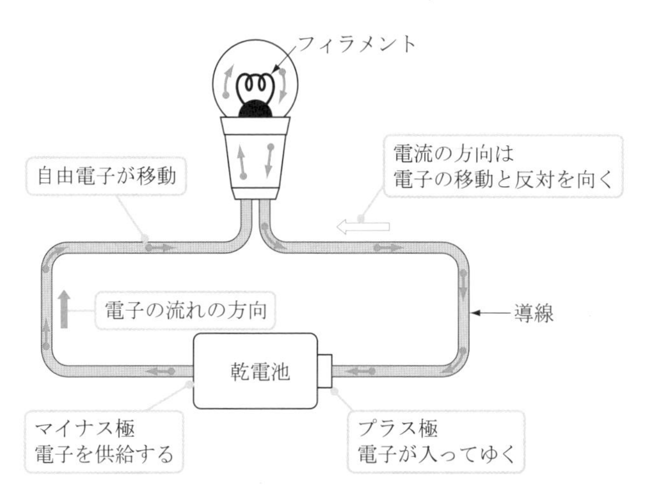

▷ 図 1.3　電子の移動による電流

るフィラメント（光る部分）も金属でできているので，フィラメントの内部にも自由電子がある．スイッチがオンされていなくても，導線やフィラメント内部を自由電子が様々な方向に動き回っている．

スイッチをオンして回路がつながると，内部を動き回っていた自由電子はマイナスの電荷をもっているため，乾電池のプラス極に引き寄せられる．各部の自由電子が一斉にプラス極に向かって移動し始める．また，乾電池のマイナス極からは導線に電子が供給される．供給された電子は導線内部にもともとあった自由電子を押し出すかのように移動するので各部の自由電子も移動する．乾電池のマイナス極から電子が送り出され，導線の内部を移動してプラス極に入ってゆく．このような電子の移動が電流なのである．導線をねじり合わせたり，豆電球をソケットに差し込んだりして接触させれば，その間を自由電子が行き来するようになる．このように金属どうしをしっかり接続すると，その間に電流を流すことができるようになる．

電流の大きさは，ある断面を1秒間に通過する電荷の量と定義されている．つまり，電流とは電子の数を表している．電流は通常，記号 I で表し，単位は[A]（アンペア）である．

なお，電流の流れる方向は電子の流れる方向と逆方向と定義されている．これは電子がマイナスの電荷をもつことが発見されるより以前にプラスの電荷の移動の方向に電流が流れると決めてしまったことに由来している．

電流が流れているとき，どの断面でも通過する電荷の量は等しいという性質がある．したがって，導線の断面積が太くても細くても，連続していれば各断面を通過する電荷の数は等しい．すなわち，回路がつながっていれば，どの部分に流れている電流もすべて等しい（**図 1.4**）．これを，**電流の連続性**と呼ぶ．また，電流は電子の移動なので，1周する経路がつながっていないと流れないという性質がある．

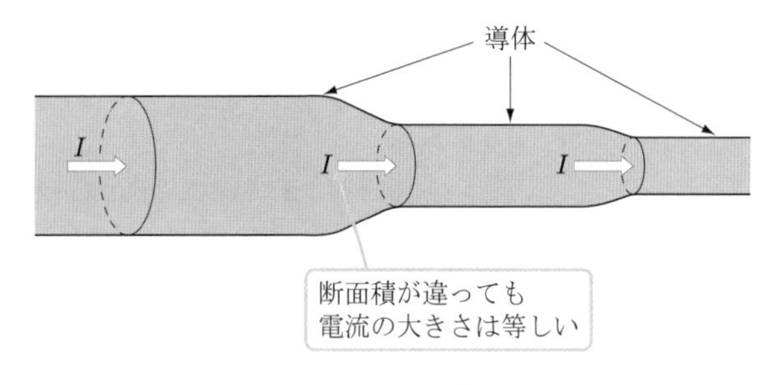

図 1.4　電流の連続性

1.3　電流は起電力によって作られる

電流が流れることを，水が高いところから低いところに流れることとして考えてみよう．**図 1.5**(a) はポンプで水を汲み上げて水車を回している様子を示し

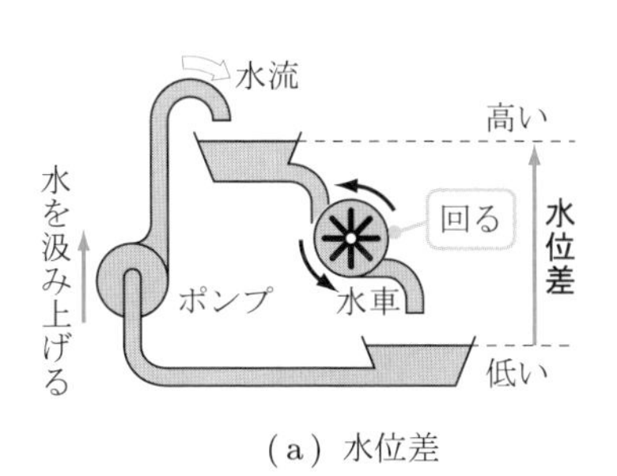

(a) 水位差

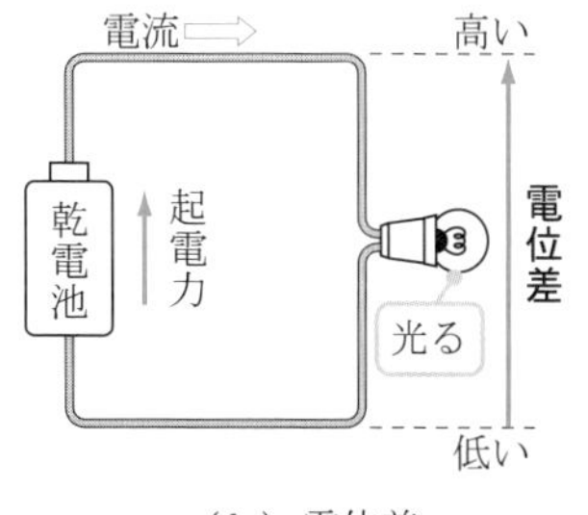

(b) 電位差

図 1.5 水位差と電位差

ている．このとき，ポンプで汲み上げることにより，水のもつ位置エネルギが高くなる．ポンプは水に位置エネルギを与えていることになる．水のもつ位置エネルギは上のタンク水位に相当する．水が流れて水車を回すと水は下のタンクの水位に落ち着く．このとき，水のもつ位置エネルギは下のタンクの水位の位置エネルギまで低下する．タンクの水位差が水のもつ位置エネルギの差を表している．ポンプは水位を上げる作用により水に位置エネルギを与え，水車は水位の差に相当する位置エネルギを運動エネルギに変換している．

図 1.3 に示した乾電池と豆電球の回路を図 1.5(b) のように描き直してみる．この図で，ポンプに相当するのが乾電池で，水車に相当するのが豆電球である考えてみよう．ここで，水位と対応する**電位**というものを考える．つまり，電位は電気的な位置エネルギを示すことにする．電流は電位の高い乾電池のプラス極から流れ出す．水流が水車を回すように電流が豆電球を点灯させている．豆電球から出た電流は電位の低い乾電池のマイナス極に向かって流れている．つまり，乾電池は電位を上げる作用をしていることになる．このように，電位を上げる働きを**起電力**という．起電力とは電流を供給する力である．

起電力により電位に差が生じる．電位の差（電位差）を**電圧**と呼ぶ．起電力，電位差，電圧の単位はすべて [V]（ボルト）である．起電力と電圧は電位の差を表しているので方向がある．そのため，図で表すときは矢印を使って，電位の高いほうを矢印の先端として表す．

電位を表すには，基準となるゼロの電位が必要である．通常，電位の基準は大地とする．つまり，地球の電位をゼロとする．回路の一部を地球に接続することを接地（アースする）という.

電位と起電力の関係を**図 1.6** で説明する. 乾電池の電圧が 1.5 V であるということは, 乾電池が 1.5 V の起電力をもっていることを表している. 乾電池の電位は接地への接続方法により異なる. この図では点 B が接地と接続されているので, **基準電位**となり, 点 B の電位を 0 V とする. このとき, 乾電池の電圧（起電力）はいずれも 1.5 V なので, 接地していない他方の極の電位はそれぞれ, 点 A は +1.5 V, 点 C は −1.5 V となる. したがって, 点 A と点 C の間の電圧（電位差）は 3 V となる. 乾電池を逆に接続すると電位は逆になるが, 電圧は 3 V である.

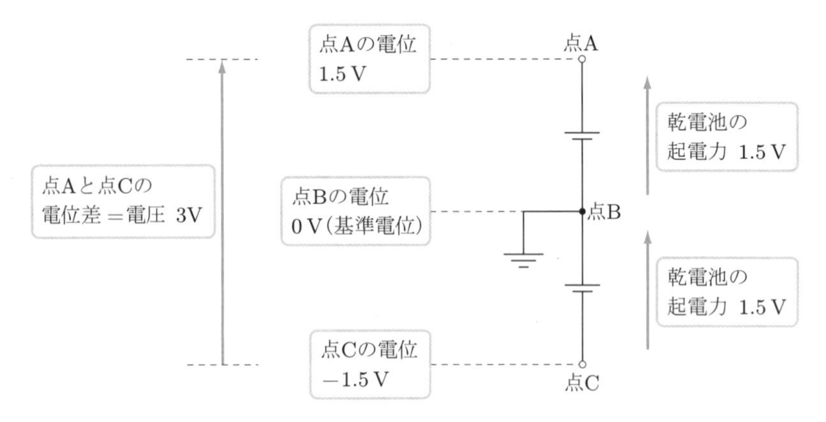

▷ **図 1.6　電圧, 電位, 電位差**

1.4　電圧と電流の関係（オームの法則）

電圧と電流には密接な関係がある. 電流が流れているとき, 電圧の大きさと電流の大きさは比例する. この性質は**オームの法則**と呼ばれる.

オームの法則は, 比例定数 R を用いて次のように表される.

$$E = RI$$

電圧は記号 E または V [V] で表す. また, 電流は記号 I [A] で表す. 電圧と電流は比例関係なので, 比例定数 R が大きいほど電流が流れにくい（**図 1.7**）. 比

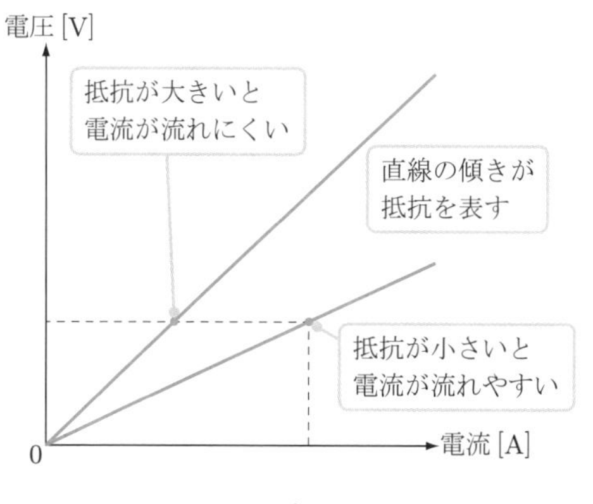

図 1.7　オームの法則

例定数 R は電流の流れにくさを表す定数で，これを**抵抗**と呼ぶ．抵抗の単位は [Ω]（オーム）である．

オームの法則を使えば，たとえば，10 Ω の抵抗に 100 V の電圧が加わったときには 10 A の電流が流れており，電圧が 1/2 の 50 V になると電流が 5 A になることが計算できる．

水の場合の水圧と流速とは異なり，電気の場合の電圧と電流は比例関係にある．このことを表したオームの法則は，すべての電気の現象の基本法則である．これ以降の説明もすべてオームの法則が基本となる．

1.5　抵抗は電流の流れにくさを表す

抵抗は電流の流れにくさを表している．電流が流れにくいとはどのような現象なのであろうか？　再度，金属の内部を電流が流れていることを考えよう．金属は内部に多くの自由電子をもっているので電流が流れやすいと述べた．電流が流れて自由電子が金属中を移動するとき，移動する電子は金属の原子核と衝突しながら進んでゆく（**図 1.8**）．衝突により電子の動きがさえぎられ，移動しにくくなる．これが抵抗が生じる原因である．

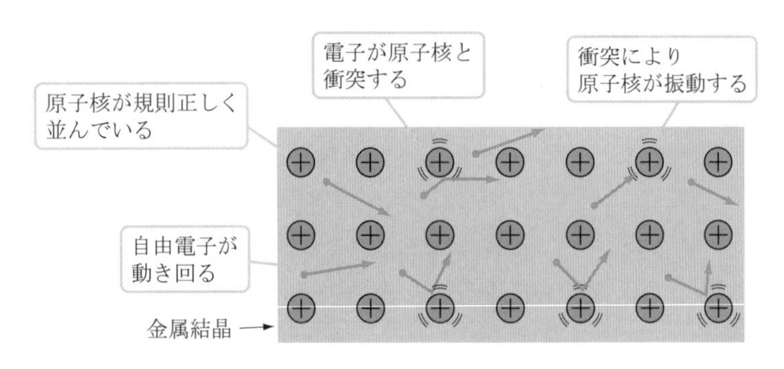

図 **1.8** 抵抗の原因

電流が流れやすい物質を導体という．金属以外でも，イオン[2]を含んでいる物質はイオンの移動により電流が流れるので導体である．そして，抵抗のごく小さい物質が導体であると定義されている．

プラスチックやゴムなどは内部の自由電子が少ないので電流がほとんど流れない．これを絶縁体という．抵抗が極端に大きい物質が絶縁体と定義されている．

抵抗は物質によって異なる．これを物質の抵抗率で表す．銅やアルミニウムなどは抵抗率が小さいので導線として使われる．注意しなくてはならないのは，導体でも抵抗はゼロではなく，わずかに抵抗値があるということである．

抵抗体とは，電流をやや流しにくい性質をもつ物体である．物体の抵抗値は抵抗率だけでなく，物体の形状や大きさも関係する．いま，**図 1.9** に示すような長さが ℓ の物体の抵抗値が $R\,[\Omega]$ だとする．この物体を電流の流れる方向に 2 個接続して長さが 2ℓ になったとする．これを直列接続という．このように直列接続したとき，抵抗値は 2 倍の $2R\,[\Omega]$ になる．また，物体を横に並べて接続すると物体の断面積は 2 倍になる．これを並列接続という．二つの物体を並列接続したとき，抵抗値は半分の $R/2\,[\Omega]$ になる．つまり，抵抗値は物体の長さに比例し，断面積に反比例する．抵抗を 5 個直列接続すれば抵抗値は 5 倍になり，5 個並列接続すれば抵抗値は 1/5 になる．

物体に電流を流すとき，抵抗値がわかれば，オームの法則を用いて，電圧と電流の関係が計算できる．

2　＋ または － の電荷をもつ原子や分子．

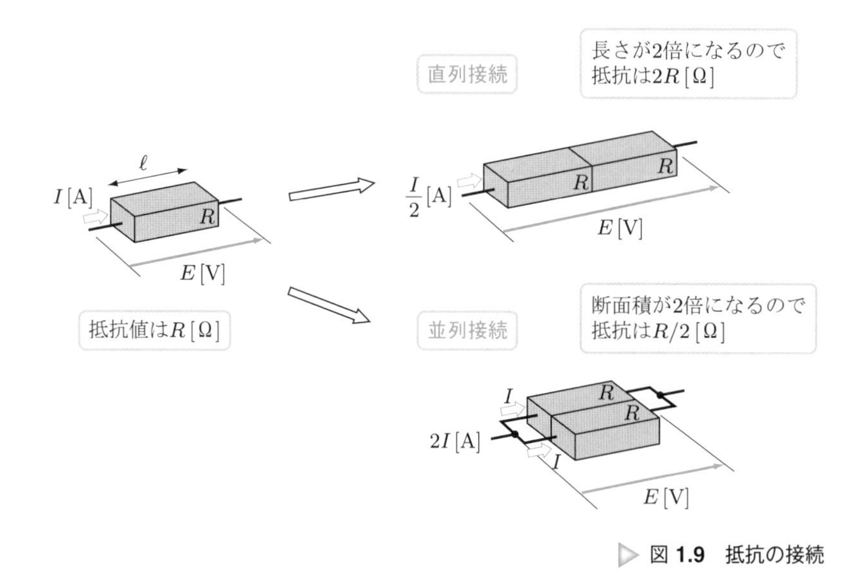

図 1.9　抵抗の接続

1.6　電流の三作用で電気を利用する

電流が流れると電流はいろいろな働きをする．電気を利用する場合，電流の働きを利用していることが多い．このような電流の働きを電流の三作用と呼ぶ．特に，電気エネルギを利用する場合，電流の三作用を用いていると考えてよい．

電流の三作用とは，次の作用である．

(1) **電流の熱作用**

電流が流れると発熱する．

(2) **電流の磁気作用**

電流が流れると周囲に磁界ができる．

(3) **電流の化学作用**

電流が流れると化学反応することがある．

パワエレの多くはエネルギ変換器を駆動している．エネルギ変換器の大半は電流の三作用を利用している．つまり，パワエレはエネルギ変換器での電流の三作用を制御するために使われるということを認識してほしい．

電流の熱作用とは，電流が流れると物体の温度が高くなる現象である．図 1.8 に示したように，抵抗を生じる原因は導体内部を自由電子が移動するときに原核子と衝突することであった．結晶中の自由電子と原子核の衝突はもう一つの現象を引き起こす．それが発熱である．原子核は熱により振動しており，温度が高いほど熱振動の振幅が大きいという性質がある．電子が原子核に衝突することで原子核が揺り動かされるので，原子核の熱振動が激しくなる．すなわち，原子の温度が上がってしまう．つまり発熱する．電流が流れると，電流の熱作用により電気エネルギは熱エネルギに変換される．

電流が流れることにより発生する熱をジュール熱と呼ぶ．エネルギ保存の法則[3]から，抵抗で発生するジュール熱のエネルギは抵抗で消費される電気エネルギと等しい．電気ポットなどのヒーターは電流の熱作用を利用している．

電流の磁気作用とは，電流が流れるとその周囲に磁界が発生する現象である．電流による磁界は電流の周囲に同心円状に広がる．磁界には向きがあり，磁界の向きと電流の向きの間には**図 1.10** に示すような関係がある．右ねじの進む方向に電流が流れているとき，右ねじを回す方向の磁界が生じる．これはアンペアの右ねじの法則と呼ばれる．図では磁界の方向を青矢印で表している．

電流が流れている導体がリング状の円形コイルの場合，**図 1.11**(a) に示すよ

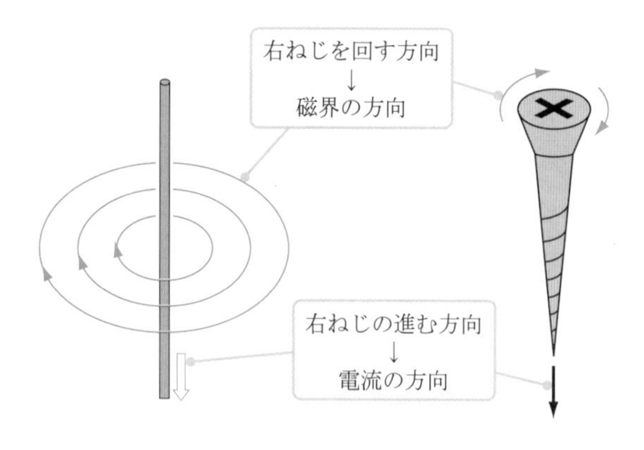

図 1.10　右ねじの法則

3　エネルギの総量は変化しない，という物理学の基本法則．

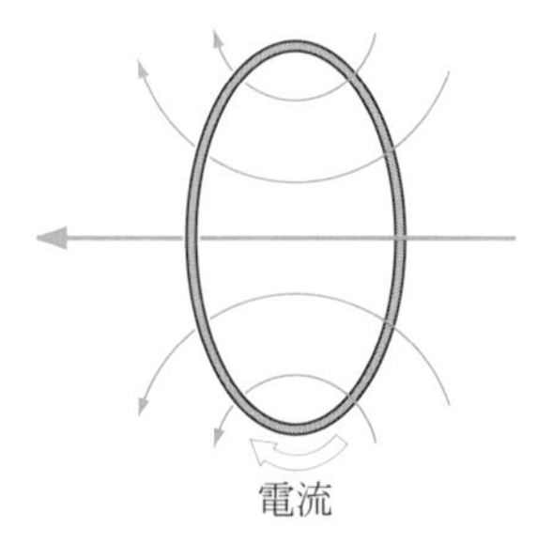

(a) 円形コイル

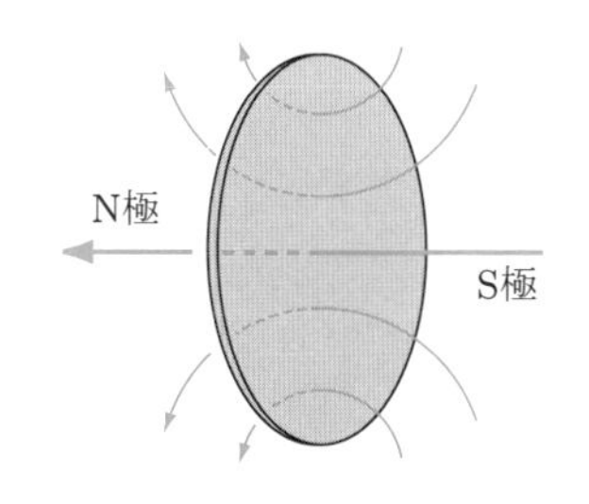

(b) 円板状磁石

図 **1.11** 円形コイルと円板状磁石

うな磁界ができる．このとき，磁界の形を見るとリングの断面の片側から磁界が入り込み，反対側から磁界が出てゆくように見える．円形コイルにより生じる磁界は薄い円板状の永久磁石の磁界（図 (b)）と同じ形状である．つまり，電流による磁界は永久磁石による磁界と同じように考えることができる．

このような円形コイルを何回も連続的に巻いて接続したものをソレノイドと呼ぶ．ソレノイドにより生じる磁界を**図 1.12** に示す．ソレノイドの周囲の磁界は円柱状の棒磁石の磁界と同じように考えることができる．

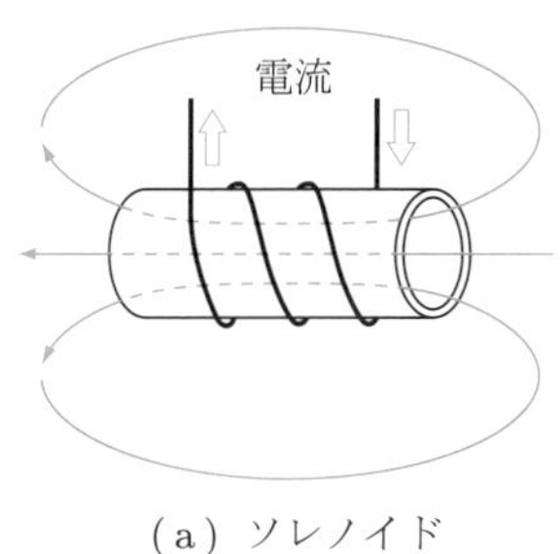

(a) ソレノイド

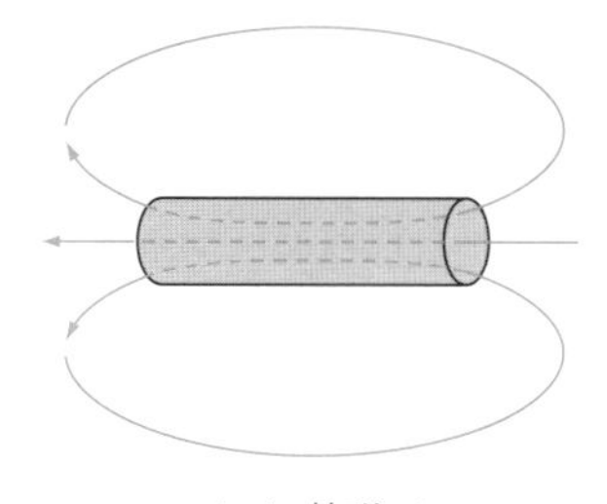

(b) 棒磁石

図 **1.12** ソレノイドによる磁界

電流の化学作用とは，電流により化学反応が生じる現象である．食塩水や酸などはイオンの移動により電流が流れるので導体である．これらのイオンをもつ物質は電解質と呼ばれる．電解質に電流を流すと電解質が化学反応することがある．これが電流の化学作用である．陽イオンは電子が不足している原子や分子であり，陰イオンは電子を余分にもっている原子や分子である[4]．電解質に電流が流れるということは，外部から電子が供給されるということである．すると，陽イオンが電子に引き寄せられ移動する．最終的には陽イオンは電子を受け取るので，電気的に中性になり，イオンは原子や中性分子に変化する．これにより物質の合成または分解という化学反応が生じる．

たとえば，液体の状態では水素イオンを含む電解質（塩酸など）に電流を流すと，水素イオン H^+（陽イオン）はプラスの電荷をもつのでマイナス極に引き寄せられる．マイナス極に到達すると，水素イオンはマイナス極から電子を受けとるので電気を帯びなくなり，水素イオンは水素原子に変化する．その結果，マイナス極の表面に水素ガスが発生する．電池の充電，放電は電池内部の電解質を電流により化学反応させることによりエネルギを蓄積したり放出したりしているのである．

1.7　磁界の働きと永久磁石

棒状の永久磁石を自由に回転できるように吊り下げると，磁石が南北を指して静止する．永久磁石の両端の磁力が強い部分を**磁極**という．地球は巨大な磁石であり，永久磁石の磁極が地球の磁極の方向を向くのである．このとき，北を指す磁極をN極（North Pole，プラス極，正極ともいう）と呼ぶ．南を指す磁極はS極（South Pole，マイナス極，負極ともいう）と呼ぶ．

二つの永久磁石があったとき，N極とS極の間には吸引力が生じ，同極の間には反発力が生じる．このとき，吸引，反発力とも力の大きさは磁石間の距離の2乗に反比例する．つまり，距離が1/2に近づくと生じる力は4倍になる．

磁極間だけではなく，鉄と永久磁石の間にも吸引力が働く．これは鉄が磁化されることにより鉄の磁極ができるからである．**磁化**とは**図 1.13** に示すように，磁石のN極を鉄に近づけると，鉄の磁石側の表面にS極，反対側にN極が現れることをいう．この現象を**磁気誘導**という．磁気誘導により磁化される物質を磁性体という．鉄は磁気誘導により磁化されるので磁性体である．鉄が

4　イオンの場合，プラスの電荷をもつものを陽イオン，マイナスの電荷をもつものを陰イオンと呼ぶ．

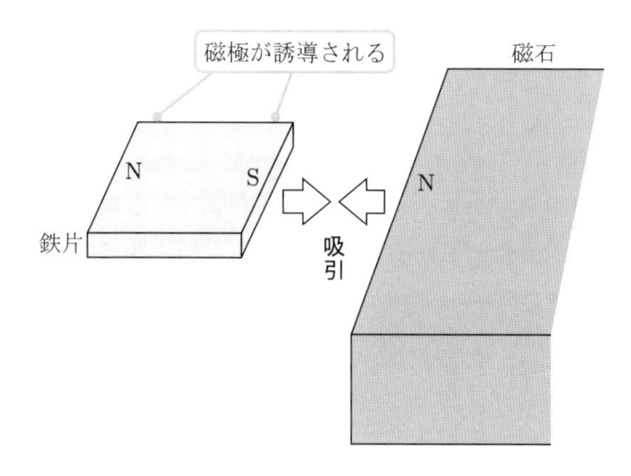

図 1.13　磁気誘導

磁化されてできた磁極と磁石の磁極との間に吸引力が生じるのである．磁石が遠ざかると，磁気誘導により生じた磁極は消滅するので吸引力もなくなる．

磁気誘導が生じるのは鉄が永久磁石から磁気的な影響を受けているからである．このような磁気的な影響を及ぼす空間を磁界と呼ぶ．ここで注意しなくてはならないのは，磁界は場所により大きさと方向が異なることである．

磁界の様子をもうすこしわかりやすくするために，**図 1.14** に示すような磁力線を考えてみる．磁力線には次のような性質がある．

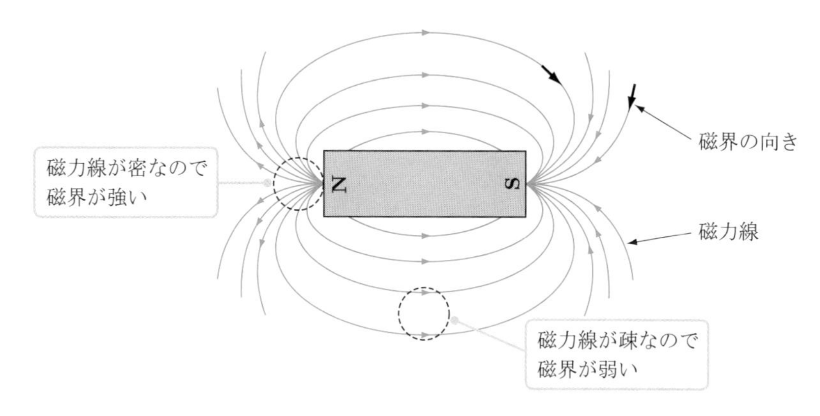

図 1.14　磁界と磁力線

(1) 磁力線はN極から出て，S極に戻る．
(2) 磁力線の向き（接線）がその位置での磁界の方向を示す．
(3) 磁力線の密度が磁界の強さを示す．

磁極の近くでは磁力線が集まっており，磁界が強いことがわかる．また，場所により磁界の向きが異なっていることもわかる．磁力線にはさらに，次のような性質があると約束されている．

(4) 磁力線はまっすぐになろうとして縮む．
(5) 同じ方向の磁力線は互いに反発し，反対方向の磁力線は打ち消しあう．

この二つの性質により，吸引力と反発力という磁気による力が生じることが説明できる．**図1.15**に示すように，N極とS極の間の磁力線はまっすぐになろうとするので，磁力線が縮む方向の力，すなわち吸引力を生じる．一方，二つのN極の間の磁力線はまっすぐになるように反発する．このように，磁力線は磁界の様子や影響を表すことができる．

ここまでは磁界の様子を表すために磁力線を使った．磁力線はその位置での磁界の様子を表した仮想の線である．しかし，磁気の通しやすさは物質により

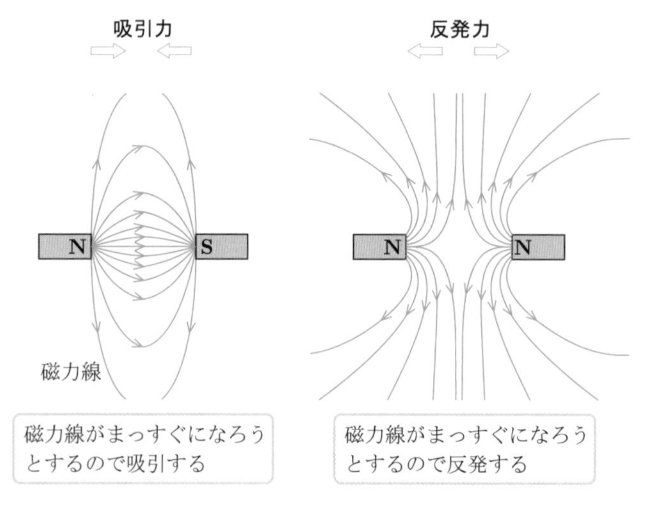

▷ **図1.15　磁力線の性質**

異なるので，異なる物質があったときの磁界の様子を磁力線で正しく表すことができない．また，磁力線では磁界の強さを数値で表すことができない．

図 1.16(a) に示すようなリング状の鉄（**鉄心**という）にコイルが巻いてあるとする．コイルに電流を流すと，コイルの周囲に磁界ができる．鉄は空気よりも磁気を通しやすい．これを**透磁率**が高いという．一般的な鉄の透磁率は空気の約 100 倍以上である．そのため，磁界のほとんどは鉄心の内部にあると考えることができる．鉄心の周囲にはほとんど磁界がないので，外部には磁力線を描かない．

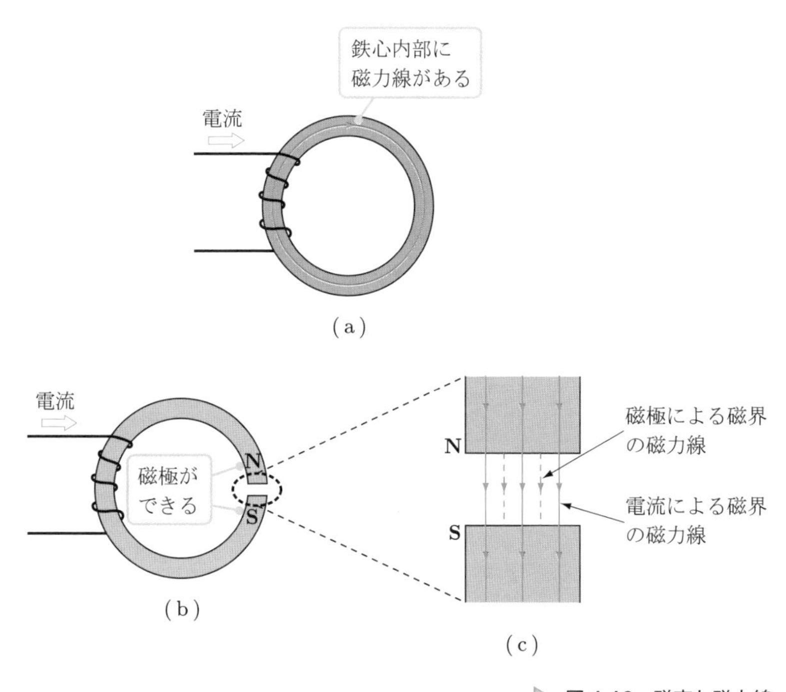

▷ 図 1.16　磁束と磁力線

次に，図 (b) のように鉄心の一部が切り欠かれて隙間があるとする．隙間とはつまり，空気があることを示している．磁力線は隙間を通過し，鉄心を 1 周する．このとき，鉄の端部は磁力線が出入りするので磁極となる．そのため，隙間には N 極から S 極に向かう磁力線も生じる．つまり，図 (c) に示すように，コイルに流した電流による磁力線のほかに，隙間の磁極による磁力線も描くことになり，磁力線の数が多くなってしまう．しかし，隙間には鉄心内部と同じ磁気しか通っていないはずである．

そこで，このような場合，**磁束**という量を使って鉄心内部や隙間の磁界を表す．磁束の数は物質によって変化しないと約束する．鉄心内部でも隙間でも磁束数は変わらないので，一定数の磁束が連続して1周すると考えることができる．磁束数の単位は [Wb]（ウェーバー）である．

磁界とは磁化する力の強さを表している．ある物質がどの程度磁化されているかを表すためには磁束密度を使う．**磁束密度**とは単位面積あたりの磁束数である．磁束密度の記号は B，単位は [T]（テスラ）である [5]．

ここで，磁化についてもう少し理解するために，分子磁石説を使って説明する．磁石は分割してもそれぞれ小さな磁石になる．このことから，磁石をはじめとする磁性体は内部のごく小さな分子サイズの磁石により構成されていると考えるのが分子磁石説である．磁性体が磁化されていないとき，内部の分子磁石は**図 1.17**(a) のように不規則な方向を向いている．

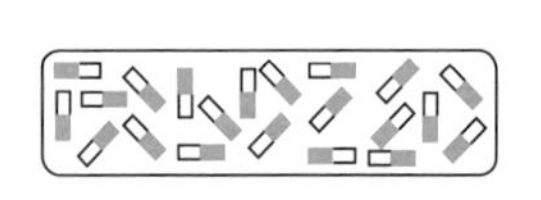

(a) 不規則に並んでいる

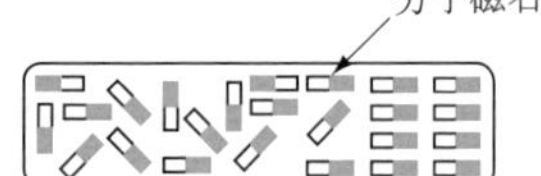

(b) 外部の磁界により方向が揃ってくる

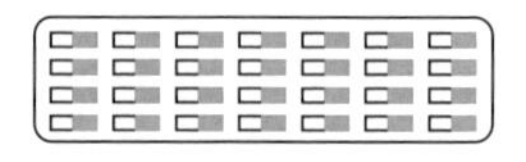

(c) すべての方向が同一になる

図 1.17　分子磁石

外部の磁界が強くなると，それまで不規則な方向を向いていた内部の分子磁石が徐々に同じ方向を向き始める（図 (b)）．そして図 (c) のように内部のすべての分子磁石が同じ方向を向く（配向）．このように磁化が進んでゆく．外部の磁界がなくなると，また不規則な配向に戻る．このときの配向しやすさは物質によって異なる．外部磁界により磁化された後に，外部磁界を取り去っても配

5　磁束密度の単位として cgs 単位系の [Gauss]（ガウス）が長い間使われていたが，現在は使用できない．なお，$1\,\mathrm{T} = 10^4\,\mathrm{Gauss}$ である．

向した分子磁石が多く残る物質が永久磁石である．

ある物質の磁化を外部の磁界と磁束密度の関係を用いて表したのが**図 1.18** である．これは磁化曲線と呼ばれる．磁性体を磁化する場合，図の点 A から点 B を通って点 C まで磁化したあと，外部の磁界を取り除くと磁界はゼロになり，点 D に落ち着く．このときの点 D の磁束密度を残留磁束密度という．また，点 D の状態に逆向きの磁界を加えていったとき，磁束密度がゼロとならずに，耐えられる磁界が点 E で示す保持力である．残留磁束密度，保持力とも大きいのが永久磁石である．そのため，永久磁石の性能は残留磁束密度と保磁力を表した磁化曲線の第 2 象限だけ示されている．

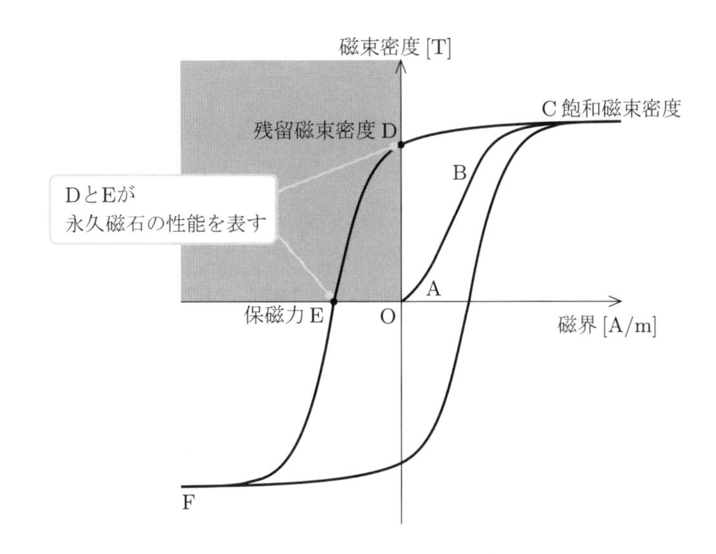

図 1.18　磁化曲線

1.8　電力と電気エネルギ

電力とは電流の仕事率を表している．仕事率 (power) とは，毎秒の仕事（エネルギ）である．電力の記号は P がよく使われ，単位は [W]（ワット）である．電力は電圧と電流の積で表される．電圧 V の電源から電流 I が流れているとき，電源が出力する電力は

$$P = VI$$

である．

では，電気エネルギはどのように表されるのだろうか？　いま，電圧 V [V]，電流 I [A] のときに，t [s] 間に抵抗 R [Ω] で消費される電気エネルギ U [J] を求めるとしよう（**図 1.19**）．

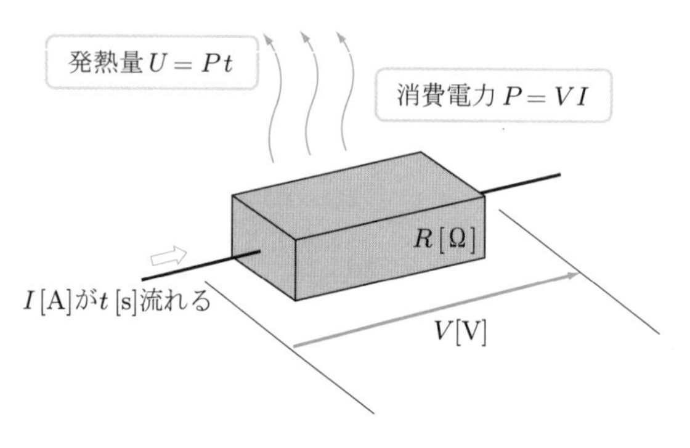

図 1.19　電力と電気エネルギ

抵抗で消費される電力 P [W] をオームの法則 $V = RI$ を使って書き直すと，

$$P = VI = (RI)\,I = RI^2$$

となる．抵抗で消費する電力は電流の 2 乗に比例する．

そのときに抵抗で消費される電気エネルギ U [Ws]（ワット秒）は，t 秒間の電力で表される．

$$U = Pt$$

エネルギ保存の法則から，抵抗で消費される電気エネルギは発生する熱エネルギと等しい．

$$U\,[\mathrm{Ws}] = U\,[\mathrm{J}]$$

ジュール熱のエネルギは電流の 2 乗に比例するのである．

熱などのエネルギの単位は [J]（ジュール）であるが，電気エネルギの単位である [Ws]（ワット秒）もエネルギの単位である．[J] も [Ws] も同一数値で，1 [J] = 1 [Ws] である．

ある期間に消費された電気エネルギの総量を**電力量**という．電力量とは，電力のエネルギを表し，電力と時間の積により表している．なお，実用上，電力量は [Wh]（ワット時）や [kWh]（キロワット時）が用いられることが多い．

COLUMN 磁界と磁場

本文で述べたように，磁石の近くに鉄を置くと鉄が磁化され，磁石と鉄の間に吸引力が生じます．この吸引力は空気中だけでなく真空中でも同じように生じます．吸引力が生じたりするような，磁気的な影響を及ぼす空間を「磁界」と呼んでいます．

「界」とは，空間に分布している物理量を指します．界は相互作用をする空間です．磁界は磁気という物理量が分布している空間，すなわち磁気の影響が及ぶ空間ということです．

「界」はまた，「場」とも言われます．工学の分野では磁界と言いますが，物理学では磁場と呼ばれています．磁場も磁界もまったく同じことを指しています．英語ではいずれも magnetic field です．

われわれは地球の重力の影響を受けています．これは地球の重力場にいるからです．場の影響は媒質に関係ないので，標高が同じなら地上でも空中でも同じ重力となります．

コイルとコンデンサ

パワエレの本論に入る前に，パワエレには欠かすことのできないコイルとコンデンサについて説明する．コイルとコンデンサはエネルギを蓄積したり放出したりする機能をもつ回路部品である．そのため，すべてのパワエレ回路にはコイルとコンデンサが含まれている．

2.1 コイルに電流を流す

導線を巻いたものを**コイル**という．コイルに電流を流したときに回路にどのような現象が起きるのであろうか？ **図 2.1** のような抵抗 R とコイル L を直列接続した電気回路[1] を考える．現実の電気回路では，導線にはわずかであるが必ず抵抗があるので，コイルだけを接続しても，実質的には，このような回路になっている．

スイッチをオンして，コイル L に直流電源（電池）E が接続されても電流はいきなりは流れない．電流は**図 2.2** に示すように，ゆっくり増加する．もし，抵抗 R だけを接続した回路であれば，オームの法則に従って，抵抗値 R に対

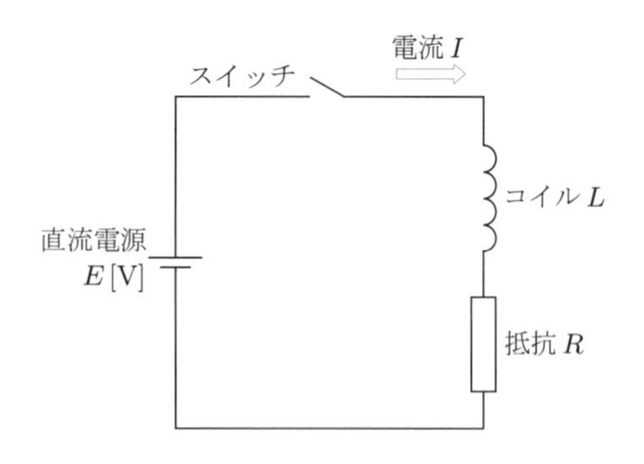

図 2.1　コイルと抵抗の直列回路

1　電気部品を導線で接続したものを電気回路という．単に回路ともいう．

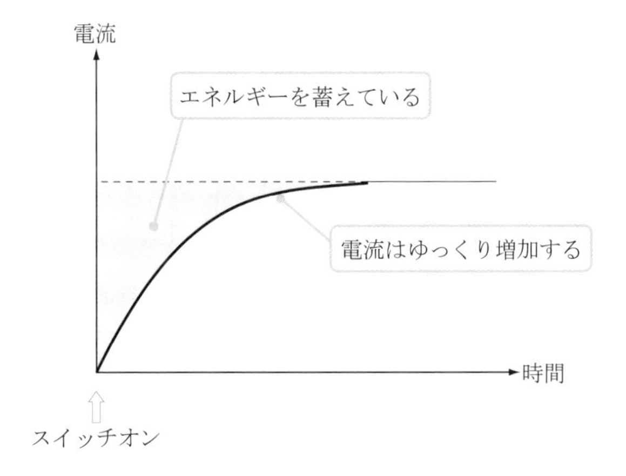

図 2.2　コイルに流れる電流の変化

応した電流がスイッチオンと同時に流れるはずである．この回路で電流がゆっくり増加してゆくのは，その間にコイルにエネルギを蓄積しているからである(2.3 節で詳しく述べる)．

スイッチがオンやオフの状態で，電圧や電流が時間的に変化しない安定した状態を定常状態と呼ぶ．ある定常状態（スイッチオフ）から別の定常状態（スイッチオン）に変化するときに，いずれの状態とも異なる状態が生じ，しかも時間的に状態が変化してゆく（非定常状態）現象を過渡現象という．コイルやコンデンサ（後述）を含む回路に，電圧を加えたり，電源を取り去ったりしたときには過渡現象が生じる．

2.2　電磁誘導

電流計がつながったコイルに永久磁石を近づけたり離したりしてみよう（**図 2.3**）．永久磁石が動くとコイルの回路に電流が流れる．この現象を**電磁誘導**という．電磁誘導により生じる起電力（電流を流す力）を**誘導起電力**，このとき流れる電流を誘導電流という．永久磁石が近くにあるだけで動かないと電磁誘導は生じない．永久磁石が静止しており，コイル（導体）が動いても同じ現象が起きる．

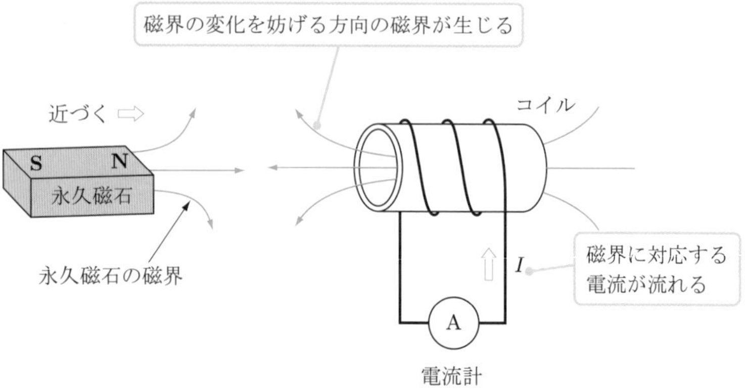

図 2.3　電磁誘導

永久磁石の周囲には磁界がある．永久磁石がコイルに近づくと，コイルの内側に磁界が入り込もうとする．このとき，コイルはそれと反対方向の磁界を生じさせる働きをする．コイルに入り込もうとする磁界をキャンセルして押し返そうとする．そのために，反対方向の磁界が生じる方向に電流を流すような起電力が生じるのである．誘導される電流の方向は右ねじの法則の方向である．永久磁石が遠ざかるときには，逆方向の起電力が生じる．

この現象について別の説明をしよう．永久磁石のN極が近づいてくると，それを阻むために，コイルの左端が電磁石のN極になるような電流を流そうとする，ともいえる．永久磁石が遠ざかるときには，永久磁石を吸引するS極になるような電流を流そうとするということである．

電磁誘導によりコイルに生じる誘導起電力の大きさは次の要因で決まる．

- 永久磁石の磁界とコイルの相対速度
- コイルに鎖交する磁束数[2]
- コイルの巻数

この関係は**ファラデーの法則**として示される．ファラデーの法則とは「電磁誘導による誘導起電力は，コイルの巻数と磁束の時間的な変化の割合に比例する」

2　鎖交するとは，導体と磁束が鎖のように互いに交差した状態をいう．

であり，次の式で示される．

$$e = -N\frac{d\phi}{dt} \qquad \begin{cases} e: \text{誘導起電力 [V]} \\ N: \text{巻数} \\ \phi: \text{磁束数 [Wb]} \end{cases}$$

ここで，マイナスの符号があるのは状態の変化を妨げる方向に起電力を生じることを表している．ファラデーの法則は，次節で示すように，時間的な磁束の変化に対して誘導起電力が生じることを表しており，運動による磁束の変化だけに限らないことに注意を要する[3]．

2.3 インダクタンス

次に，コイルと永久磁石の代わりに，接近して置かれた二つのコイルを考える．一方のコイルだけに電流を流すと，その周囲に磁界ができる．この磁界は，もう一方のコイルからは近くにある永久磁石の磁界と同じように見えるはずである．しかし，前節での説明とは異なり，二つのコイルは静止している．ここでは，静止したコイルを流れる電流が時間的に変化することを考える．

電流が変化すると電流によってできる磁界が変化する．そのため，他方のコイルに電磁誘導による起電力が生じる．この作用を相互誘導という．**図 2.4** に示すような構成で，コイル A の回路のスイッチをオンして電流を流すと，コイル A の周囲に磁界ができる．スイッチをオンするということは，コイル A の電流がゼロからある値まで変化するということである．ごく短時間を考えれば，電流がゼロから徐々に増加してゆくと考えることができる．電流の増加に従って，電流によってできる磁界も強くなってゆく．磁界が変化するので，コイル B に電磁誘導が生じる．コイル B には，コイル A の磁界と逆方向の磁界ができるような方向に起電力が誘導され，電流が流れる．コイル A の電流が立ち上がって一定になると，コイル A の作る磁界の変化はなくなるのでコイル B には誘導電流は流れない．

3　後述する交流電流は，大きさが常に変化しているので，交流電流がコイルに流れると常に電磁誘導が生じる．

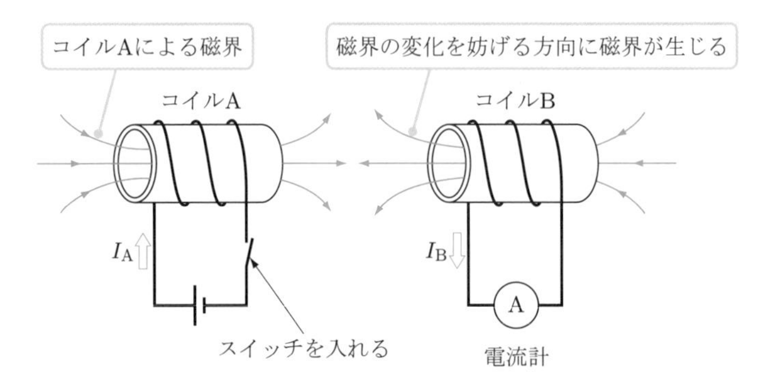

▷ **図 2.4　相互誘導**

このように，複数のコイル間には相互誘導が生じる．相互誘導により生じる誘導起電力の大きさは，電流の時間的な変化に比例する．この関係を**相互インダクタンス** M により表す．相互誘導によりコイル B に生じる誘導起電力の大きさ e_B は次のようになる．

$$e_B = -M\frac{\Delta I_A}{\Delta t} = -[\text{相互インダクタンス}] \times [\text{電流の変化率}]$$

電流の変化率とは，ある時間に電流がどの程度変化するか，ということである．相互インダクタンスはその比例定数である．相互インダクタンスは記号 M で表され，単位には [H]（ヘンリー）を用いる．

相互インダクタンスが 1 [H] とは，コイル A の電流が 1 秒間に 1 [A] 変化したとき，コイル B に誘導される起電力が 1 [V] であるようなコイルの組み合わせをいう．また，コイル B を流れる電流が変化したときにコイル A に生じる誘導起電力も同一の大きさの相互インダクタンスで表される．

コイルが一つだけでも電磁誘導が生じる．コイル自身に流れる電流が変化するとそのコイルに電磁誘導が生じる．**図 2.5** に示すように，コイルに直流電源を接続する．スイッチをオンした瞬間にコイルに流れるので，電流がゼロから増加する．電流が流れるので，コイルの周囲に磁界ができる．磁界も電流の増加と同じように増加する．このとき，電流による磁界と逆方向の磁界が生じるような方向の誘導起電力がコイルに生じる．十分時間がたってコイルの電流が一定値に達すると，コイルの磁界は一定になるので電磁誘導は生じなくなる．

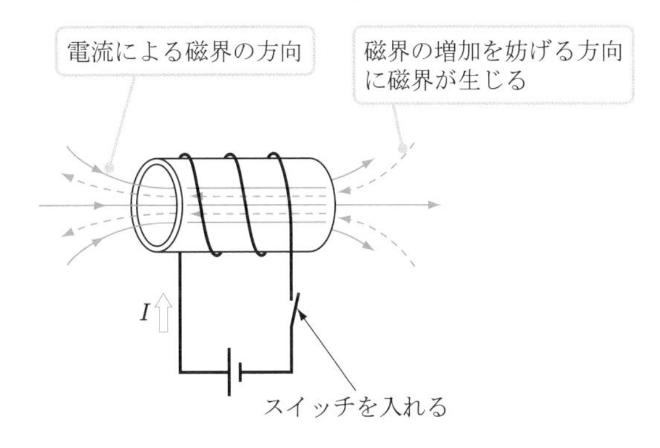

▷ **図 2.5　自己誘導**

これを自己誘導という．

自己誘導により生じる誘導起電力の大きさは電流の変化率に比例する．この関係を**自己インダクタンス** L により表す．自己誘導により生じる誘導起電力の大きさ e は次のようになる．

$$e = -L\frac{\Delta I}{\Delta t} = -\,[\text{自己インダクタンス}] \times [\text{電流の変化率}]$$

自己誘導による誘導起電力も電流の変化率に比例し，その比例定数が自己インダクタンスである．自己インダクタンスは記号 L で表され，単位には [H]（ヘンリー）を用いる．

また，自己インダクタンスは，コイルに鎖交する磁束数と電流の関係を表しており，コイルに鎖交する磁束数 Ψ とコイルに流れる電流 I との間の比例定数である．

$$\Psi = LI$$

同じように，相互インダクタンス M は，他方のコイルに鎖交する磁束数と電流の間の比例定数である．

コイルに直流電源を接続して，スイッチをオンすると，電流は図 2.2 に示したようにゆっくり増加する．ある程度時間がたつと，電流は一定値になる．電流がゆっくり増加するのは，その間にコイルにエネルギを蓄積していることを表している．

コイルに蓄えられるエネルギUは自己インダクタンスLに比例する．また，電流の2乗に比例する．

$$U = \frac{1}{2}LI^2$$

ここで注意すべきは，電流が流れているコイルにエネルギが蓄積されていることであり，このことは逆に，コイルにエネルギが蓄えられている間は電流が流れていることである．電流が流れていないコイルに蓄積されているエネルギはゼロである．

図2.1の回路で，スイッチをオフにして電流をゼロにするためには，コイルのエネルギを放出しなくてはならない．エネルギ保存の法則から，コイルに蓄積されたエネルギが放出されるまでは，電流はゼロにはならないのである．パワエレ回路ではコイルに蓄積されたエネルギを起電力として利用して電流を流すこともあり，また，コイルのエネルギを放出するための電流の経路をわざわざ作ることもある．

パワエレ回路におけるコイルの働きは，一言でいえば，エネルギを蓄積，放出することにより，電流をゆっくり増減させることである．つまり，**コイルは電流の変化を抑える働きをする**ということである．

2.4　コイルの接続

図1.16のように，鉄心にコイルを何回か巻いたものを考える．前節で述べたように，コイルの自己インダクタンスによりコイルに鎖交する磁束数を表すことができる．

いま，**図2.6**に示すような巻数NのコイルのインダクタンスがL [H] だとする．このコイルを2個直列接続する．このときは，コイルの巻数が2倍になるので，コイルに鎖交する磁束数も2倍になる．二つのコイルを一つのコイルと考えると，そのインダクタンスは2倍の$2L$ [H] になる．また，2個のコイルを並列接続すると，それぞれのコイルを流れる電流は1/2となるので，それぞれのコイルに鎖交する磁束数も1/2となる．このとき，二つのコイルを一つのコイルと考えればインダクタンスは1/2倍の$L/2$ [H] になる．つまり，コイルを

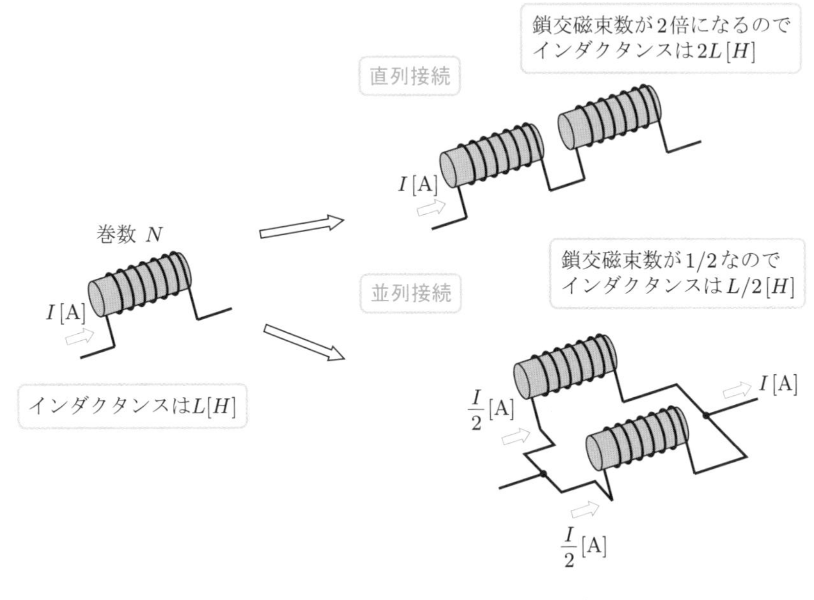

図 2.6　コイルの接続

5 個直列接続すればインダクタンスは 5 倍になり，5 個並列接続すればインダクタンスは 1/5 になる．コイルの直列接続，並列接続は抵抗と同じように考えることができるのである．

2.5　静電気

静電気とはその名のとおり，移動しない電気である．通常の状態では物質内部のプラスとマイナスの電荷は釣り合っている．そのため，物質は外部から見ると電気的に中性である．摩擦などの外部からの影響により，物体の表面が電気的に中性ではなくなり，電気を帯びることがある．電気を帯びるというのは，物体の表面にプラスまたはマイナスの電荷が現れるということである．この電荷が静電気であり，このとき，静電気を帯びているという．

静電気を帯びたガラスなどの絶縁物（帯電体）が導体に近づくと，導体には帯電体と反対の極性の静電気が誘導される（**図 2.7**）．帯電体のガラス棒が遠ざ

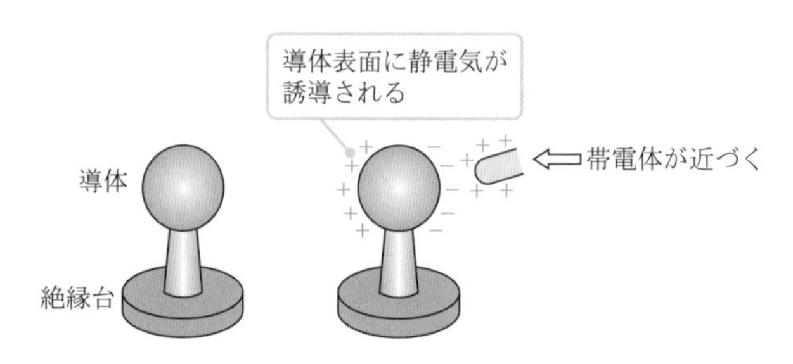

図 2.7　静電誘導

かると，もとの状態に戻る．これを静電誘導という．

導体の場合，静電誘導により生じたプラスまたはマイナスの電荷は，帯電体が遠ざかるとプラスとマイナスが引き合って物質内部を移動し，もとの状態に戻る．絶縁体に帯電体が近づくと，同じように静電誘導により表面に電荷が現れる．しかし，帯電体が遠ざかっても，絶縁体なので内部を電荷が移動することができない．絶縁体に静電誘導された電荷は，そのまま表面に保持される．その結果，絶縁体は静電気を帯びた状態（帯電体）になる．このような静電誘導を利用した回路素子が次節に述べるコンデンサである．

2.6　コンデンサの原理

コンデンサの原理を説明する．**図 2.8** に示すように 2 枚の金属板を空気中に対抗して配置する．2 枚の金属板（電極）に直流電圧をかけるとマイナス側の金属板に電子が流れ込む．するとプラス側の金属板にプラスの電荷が静電誘導される．その後，スイッチを開いて電源と切り離しても，空気は絶縁体なのでプラスとマイナスの電荷はそのまま保持される．このようにすると電荷を蓄えることができる．これがコンデンサの原理である．

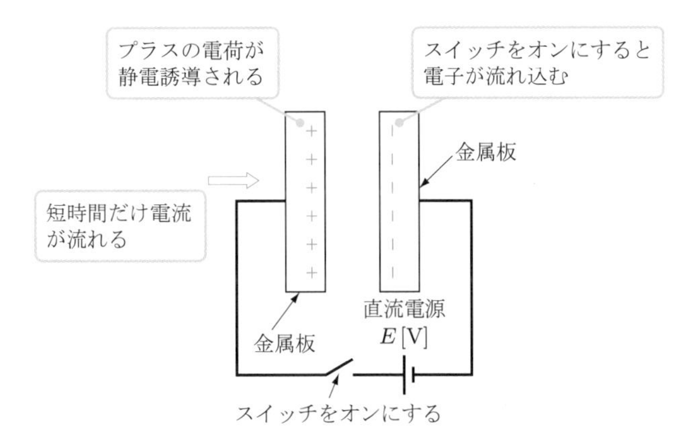

▷ 図 2.8　コンデンサの原理

2.7　キャパシタンス

コンデンサに電圧をかけて蓄えられる電荷の量 Q は，コンデンサの電圧 V に比例する．その比例定数を**静電容量**（**キャパシタンス**）C と呼ぶ．静電容量の単位は [F]（ファラッド）である．

$$Q = CV$$

コンデンサの静電容量は電極の形状と電極間の物質により変化する．**図 2.9** に示すような電極面積 S，電極間距離 d および電極間の物質の誘電率 ε により，

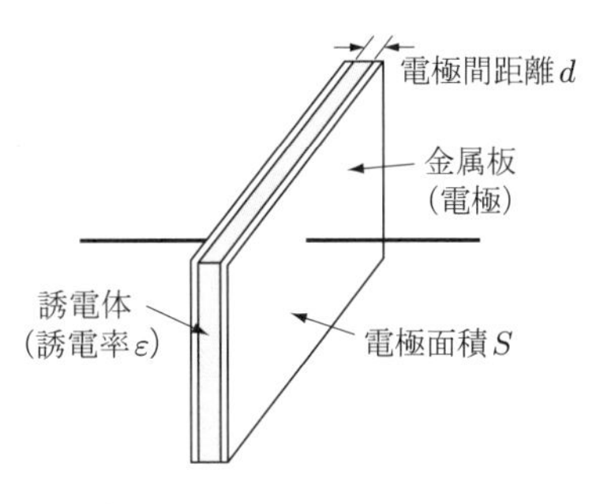

▷ 図 2.9　コンデンサの静電容量

次のように表される．

$$C = \frac{\varepsilon S}{d}$$

電極間距離が小さいほど静電容量は大きくなる．しかし，電極間が空気の場合，空気の絶縁耐力で最小の電極間距離が決まってしまう．さらに電極間距離を短くするためには，電極間を絶縁体（誘電体）とする．これにより電極間距離 d をより小さくすることができる．さらに，樹脂などの絶縁体の誘電率は空気の数倍あるので，いっそう静電容量を大きくすることができる．なお，誘電率とは絶縁体の性能を表す物性値の一つである．実際に部品として用いるコンデンサは電極間にセラミック，フィルムなどを使って構成している．

図 2.8 に示す回路でスイッチをオンすると，コンデンサの両端の電圧 V は**図 2.10** に示すようにゆっくり増加する．ある程度時間がたつと，コンデンサ電圧 V は電源電圧 E となり，一定値になる．電圧がゆっくり増加するのは，その間にコンデンサにエネルギを蓄積しているからである．

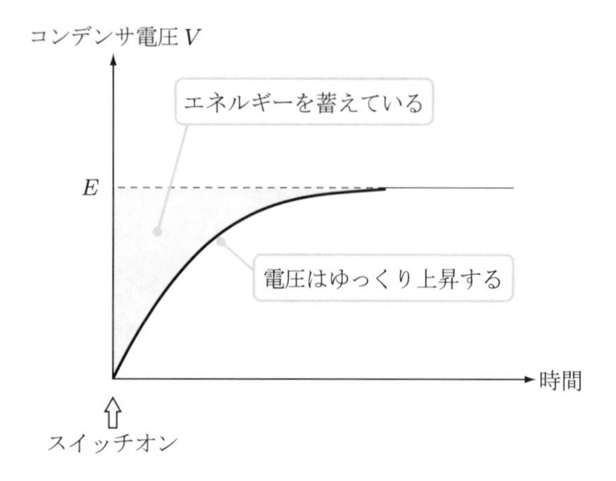

図 2.10　コンデンサの電圧の変化

スイッチをオンしてコンデンサに電圧がかかっても，コンデンサの内部は空気などの絶縁物なので，この回路には電流は流れないはずである．しかし，コンデンサに直流電源を接続すると，接続直後の短時間にだけ電流が流れる．これは，コンデンサ内部にエネルギを蓄積するために電流が流れることを示している．

コンデンサに蓄えられるエネルギの大きさ U は静電容量 C により表される.

$$U = \frac{1}{2}CV^2$$

スイッチをオフして電源を切り離してもコンデンサにはエネルギが蓄積されている. 外部からの電圧がなくなってもコンデンサのエネルギは保たれているので, コンデンサはそれまでの電圧を保つことができるのである.

パワエレ回路におけるコンデンサの働きは, 一言でいえば, エネルギを蓄積, 放出することにより, 電圧をゆっくり増減させることである. つまり, **コンデンサは電圧の変化を抑える働きをする**ということである.

2.8 コンデンサの接続

コンデンサは, 図 2.9 に示したように, 金属製の電極の間に絶縁体（誘電体）が挟まれた構造になっている. コンデンサの静電容量 C の大きさは電極面積に比例し, 電極間距離に反比例している.

いま, **図 2.11** に示すようなコンデンサの静電容量が C [F] であるとする. このコンデンサを 2 個直列接続したとき, 電極間距離が 2 倍になるので, 合成した静電容量は半分の $C/2$ [F] となる. また, コンデンサを並列接続すると, 電極面積が 2 倍になるので, 合成した静電容量は 2 倍の $2C$ [F] となる. つまり, コンデンサを 5 個直列接続すれば静電容量は 1/5 になり, 5 個並列接続すれば静電容量は 5 倍になる. コンデンサの直列接続, 並列接続は抵抗やコイルの場合とは異なることに注意が必要である.

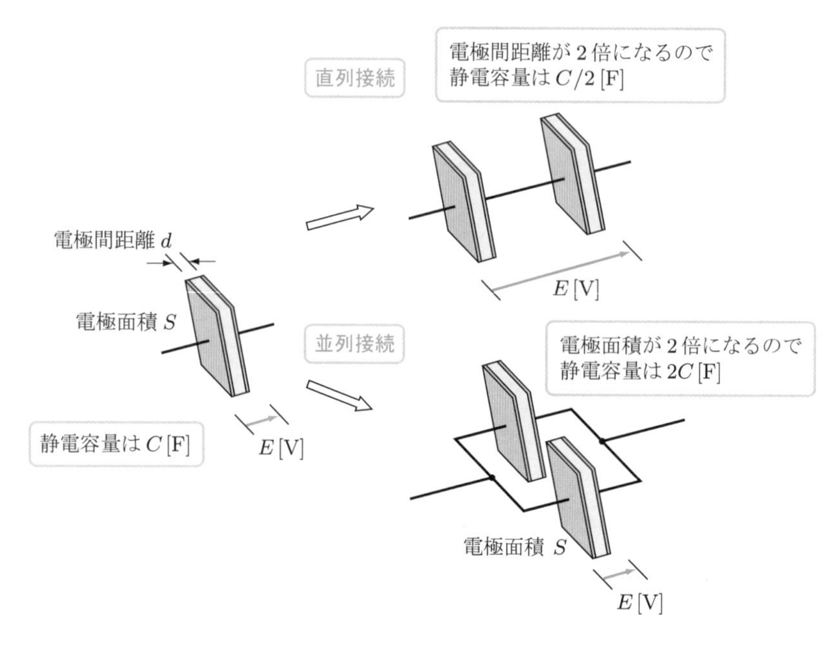

図 **2.11** コンデンサの接続

COLUMN コンデンサとキャパシタ

コンデンサという言葉はドイツ語の Kondensator からきています．一方，英語ではキャパシタ Capacitor と呼んでいます．いずれも同じ回路素子を指しています．

最近，キャパシタという言葉を聞くことがあると思います．キャパシタはハイブリッド電気自動車のバッテリの置き換えなどに使われています．ここでいうキャパシタとは，電気二重層コンデンサ (EDLC:Electric Double Layer Capacitor) を指しています．EDLC は従来のコンデンサと比べ，非常に大きな静電容量のものを作ることができます．そこで，従来のコンデンサとは異なって，蓄電に使えるデバイスであるという主張を表しているのだと思います．従来のチョコレートとは一味違うので，ショコラと呼ぶようなものでしょうか．

交流とは

われわれが使っている電気には直流と交流がある（図 3.1）．乾電池は直流を使っている．壁のコンセントでは交流を使っている．いずれも身近な電気である．

直流の電流は方向や大きさが常に一定である．一方，交流は電流の方向が常に入れ替わっている．第 2 章までの説明では，電流の方向が常に一定な直流電流を使って電気の基本を述べてきた．本章では，新たに交流について述べてゆく．電気の基本は直流にも交流にも共通する性質である．しかし，交流では電流の方向が常に入れ替わるため，直流にない特有な性質もある．

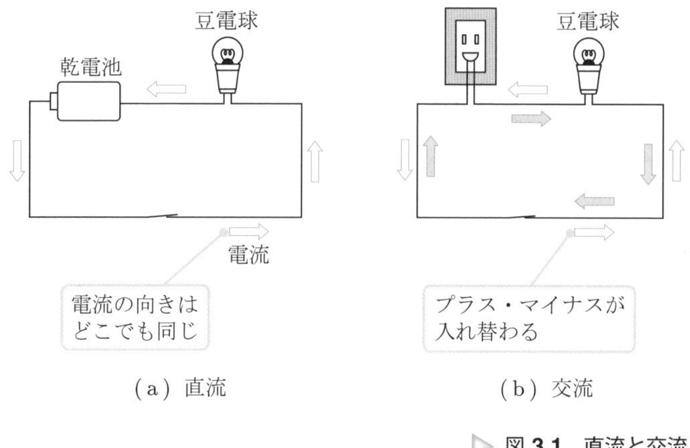

図 3.1　直流と交流

3.1　直流と交流

電流を供給する装置を電源と呼ぶ．電源には二つの端子（ターミナル）がある．電源から電流を供給される装置を負荷と呼ぶ．電源と負荷の関係を**図 3.2** に示す．電源と負荷の間は 2 本の導線で結ばれている．電流は電源から負荷に向けて流れ，また，負荷から電源に戻ってくる．電流の流れる経路が回路であ

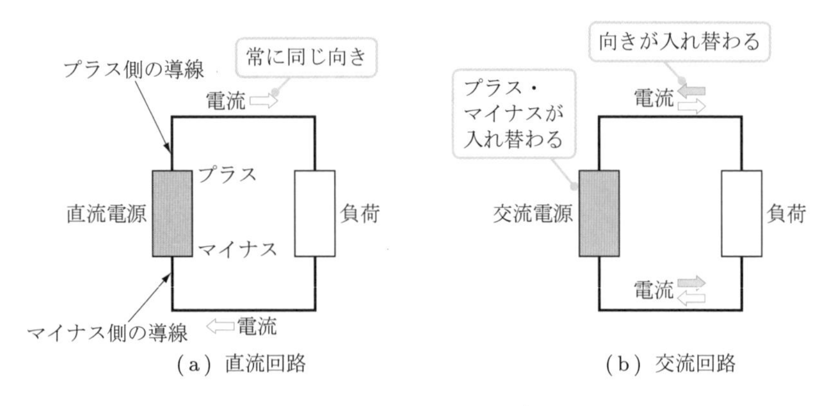

図 3.2　直流回路と交流回路

る．回路が1周していないと電流は流れない．

第2章までは，電源には直流電源を用いていた．直流電源はプラスとマイナスの二つの端子（ターミナル）をもつ．直流電源のプラス端子から負荷に向かって電流が流れ，負荷から直流電源のマイナス端子に戻ってくる．

図(a)の直流回路では，導線の中を流れている電流の向きは常に同一である．また，電流の大きさも一定である．このような電流を直流電流 (DC：Direct Current) という．直流電源のプラスとマイナスをつなぎ替えると，負荷を流れる電流の方向は逆転する．電流の方向を符号で表すと，電源から負荷に向かう電流をプラス (+) の電流として，負荷から戻る電流をマイナス (−) の電流とする．このとき，2本の導線を流れている電流の合計はプラスマイナスゼロとなる．

一方，交流電流 (AC：Alternate Current) とは導線の中を流れる電流の方向が絶えず入れ替わる電流である．図(b)に示している交流電源とは，交流電流を負荷に供給する電源である．交流電源と負荷はやはり2本の導線で接続されている．交流電流なので，導線を流れる電流の方向は絶えず入れ替わっている．また電流の大きさも常に変化し，一定でない．二つの端子にはプラスマイナスの区別はない．

3.2 交流とは

交流電流は方向が常に入れ替わり，大きさが常に変化する．図 3.2 において，電源の上側に接続された導線に流れる電流を考える．ここを流れる電流の時間的な変化を**図 3.3** に示す．図では交流電流の大きさは正弦波状に変化している．つまり，電流の極性もプラスマイナスに変化している．電流がマイナスになるということは，電流の方向がプラスと逆方向であることを示している．この図で比較すると，交流電流は直流電流とはまったく様子が異なっているように見える．

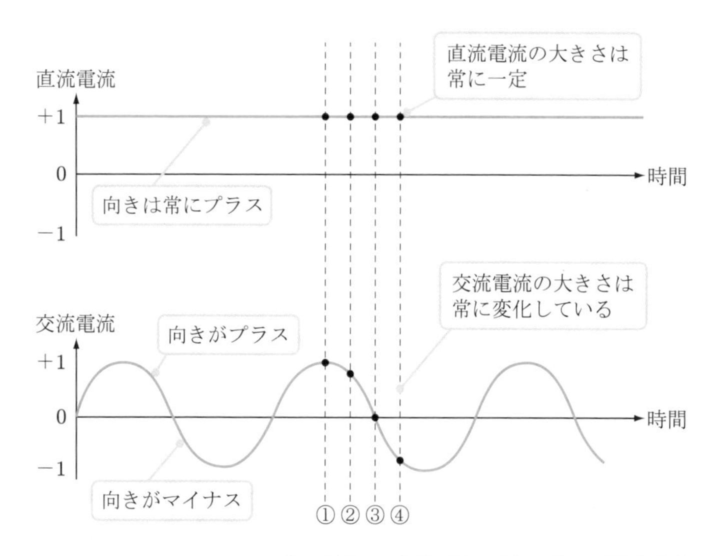

図 3.3　直流電流と交流電流の時間的変化

しかし，ある瞬間の電流を考えると実は直流電流とそれほど違いがないことがわかる．図を見ると，直流電流の大きさは常に +1 である．一方，交流電流の ① で示した瞬間の電流は +1 である．これは直流電流と同じ大きさである．電源から負荷に向かう導線を流れる電流が +1 のとき，負荷から電源に戻る下側に接続された導線の電流は方向が逆であるが大きさは等しいので，−1 である．2 本の導線の電流の合計はゼロである．① の瞬間には，交流電流は直流回路の直流電流とまったく同じ状態になっている.

しかし，次の ② の瞬間には交流電流の大きさは +1 よりやや小さくなっている．そのときには負荷から電源に戻る電流もそれに対応して小さくなっているので，2 本の導線の電流の合計はやはりゼロである．③ の瞬間には交流電流はゼロである．このとき，電源と負荷の間の 2 本の導線とも電流は流れていない．④ の瞬間になると，電流の方向が入れ替わっている．つまり，交流電源の下側の導線から電流が流れ出していることになる．したがって，下側の導線を流れる電流がプラスになり，もう一方の上側の導線の電流がマイナスになる．このときにも，やはり 2 本の合計はゼロである．このように，直流電流も交流電流も，電源と負荷とをつなぐ 2 本の導線の電流の合計はともにゼロである．

3.3 交流の周波数と実効値

交流電流の方向は常に入れ替わっている．1 秒間あたりの入れ替わりの回数を**周波数**という．周波数は記号 f で表し，単位は [Hz]（ヘルツ）である．周波数が 1 Hz とは，1 秒間にプラスとマイナスがそれぞれ 1 回ずつ出現することを表している．

周波数が 50 Hz とは，1 秒間にプラスマイナスの正弦波が 50 回出現することを示している（**図 3.4**）．つまり，0.01 秒ごとに電流の方向が入れ替わる．な

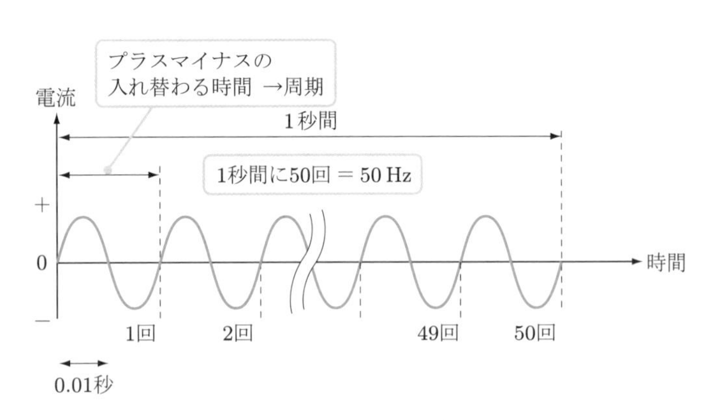

図 3.4　50 Hz の周波数

お，電圧の周波数についても同様に表される．

交流電流は電流の方向が入れ替わるだけではなく，電流の大きさも常に変化している．つまり，交流電流の値は常に変化している．交流電流を瞬時の値で表しても，その電流がそもそも小さい電流なのか，たまたま，その瞬間に小さい値を示しているのかがわからない．交流電流の大きさを示すための数値が必要である．そこで，交流電流の大きさを表すために**実効値**を使う．

交流の実効値とは，直流電流と同じ働きをする大きさを表している．つまり，直流電流を抵抗に流したときの発熱量と同じ発熱量となる交流電流の大きさを同一数値の交流電流の実効値とする．直流でも交流でも同じ値の電流なら発熱量が同じである．電流の実効値の単位も [A] で表す．また，電圧も同様に実効値で交流電圧の大きさを表す．

交流電圧または電流が正弦波の場合，**図 3.5** に示すように，瞬時値の最大値は実効値の $\sqrt{2}$ 倍となる．商用電源の 100 V という電圧は実効値であり，その正弦波で変化する電圧の瞬時の最大値は $100 \times \sqrt{2} = 141$ V である．

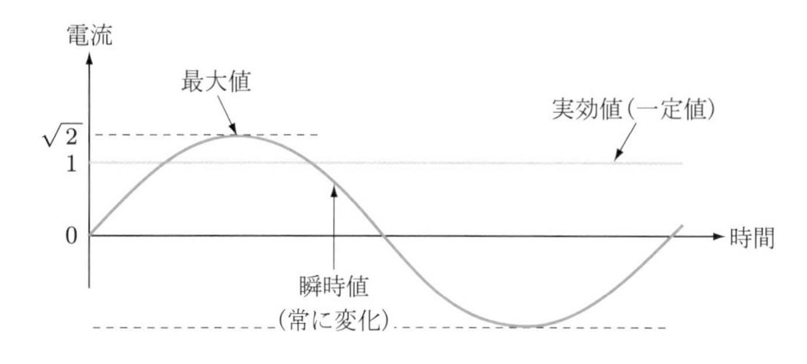

図 3.5　実効値と瞬時値

実効値で表した交流の電圧，電流は同じ値の直流と同じ働きをするということは，実効値を使えばオームの法則がそのまま交流でも成立するということである．なお，実効値は周波数には無関係であり，異なる周波数でも正弦波の大きさ（振幅）が同じであれば同一の実効値である．

次に，交流特有の**位相**について述べる．位相とは正弦波の横軸を時刻でなく，角度で表したものである．交流で位相を用いる主な目的は，同じ周波数の正弦波の位置関係を位相（角）で表すことである．同一周波数の電圧と電流の位相が異なる場合は，それを位相（差）として表す．たとえば，電圧 $v(t)$ と電流 $i(t)$ が次のように表されるとする．

$$v(t) = V \sin \omega t$$

$$i(t) = I \sin (\omega t - \theta)$$

このとき，電圧 $v(t)$ の位相を基準（位相がゼロ）とすると，電流 $i(t)$ は電圧 $v(t)$ より θ（シータ）だけ位相が遅れているという関係がある（**図 3.6**）．

図 3.6 は電圧，電流とも周期が時間 T [s] でなく，位相 ωt [rad] で表された正弦波である．位相 ωt は角周波数 ω [rad/s] と時刻 t の積である．角周波数 ω と周波数 f [Hz] とには次の関係がある．

$$\omega = 2\pi f$$

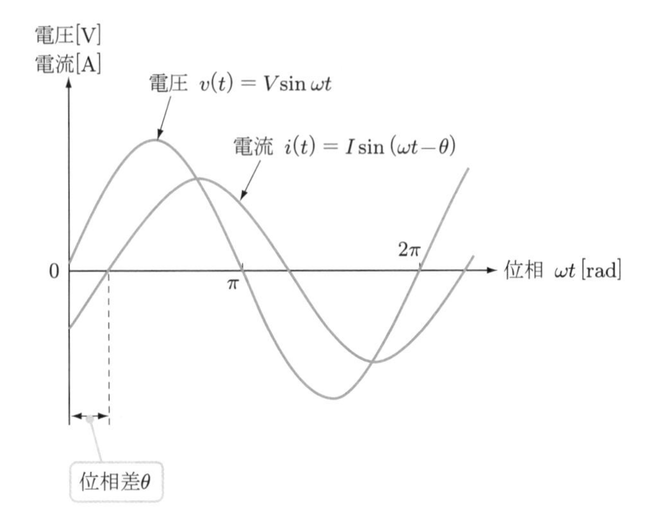

図 **3.6**　位相による表示

3.4　コイルとコンデンサに交流電圧を加える

抵抗に交流電圧を加えたとき，電流と電圧の関係はオームの法則に従う．実効値の電圧と電流は比例関係にある．また，瞬時の交流電圧の大きさは常に変化しているが，瞬時の交流電流の大きさの関係も比例関係にある．すなわち，交流電流も同じ位相（位相差がゼロ）の正弦波となる．

しかし，コイルやコンデンサの交流での動きはどうなるだろうか．コイルに電流が流れると電磁誘導が起こる．また，コンデンサに電圧が加わると静電誘導が起こる．これにより，コイルとコンデンサはいずれも，交流に対してそれぞれ特有な動きをする．

3.4.1　コイルの場合

交流電圧が連続的にコイルに加わっている状態を考える．交流電圧の大きさが正弦波状に変化することにより，次のようなことが生じる（**図 3.7**）．

① 電圧が増加している間は，電磁誘導によりコイルに誘導起電力が生じる．誘導起電力は加えられた電圧と逆方向に生じるため，コイルには電流が流れにくくなる．そのため，電流の増加は電圧の増加より時間的に後に生じる．
② 電圧が最大になると誘導起電力も最大となり，電流の変化率も最大となる．つまり，電流はゼロとなる．
③ 電圧が減少し始めると誘導起電力も低下するので電流はプラス方向に流れ始める．
④ 電圧がゼロまで低下したとき，誘導起電力もゼロとなり電流の変化率はゼロなので，つまり電流は最大となる．したがって，この瞬間がコイルに蓄積されるエネルギが最大である．
⑤ 電圧がマイナスになり始めると，コイルに蓄積されたエネルギが放出され，プラス方向の電流となる．

コイルに交流電圧を加えると，誘導起電力が生じるので電流の変化が抑えられる．そのため，電流の変化は電圧の変化より時間的に遅れる，つまり位相差が生じるのである．コイルには直流電流が流れたときと同様にエネルギが蓄積されるが，電流の方向の切り替わりに応じてエネルギの蓄積，放出を繰り返している．

コイルに加えられる交流電圧の周波数がコイルの動作へ与える影響を考える．

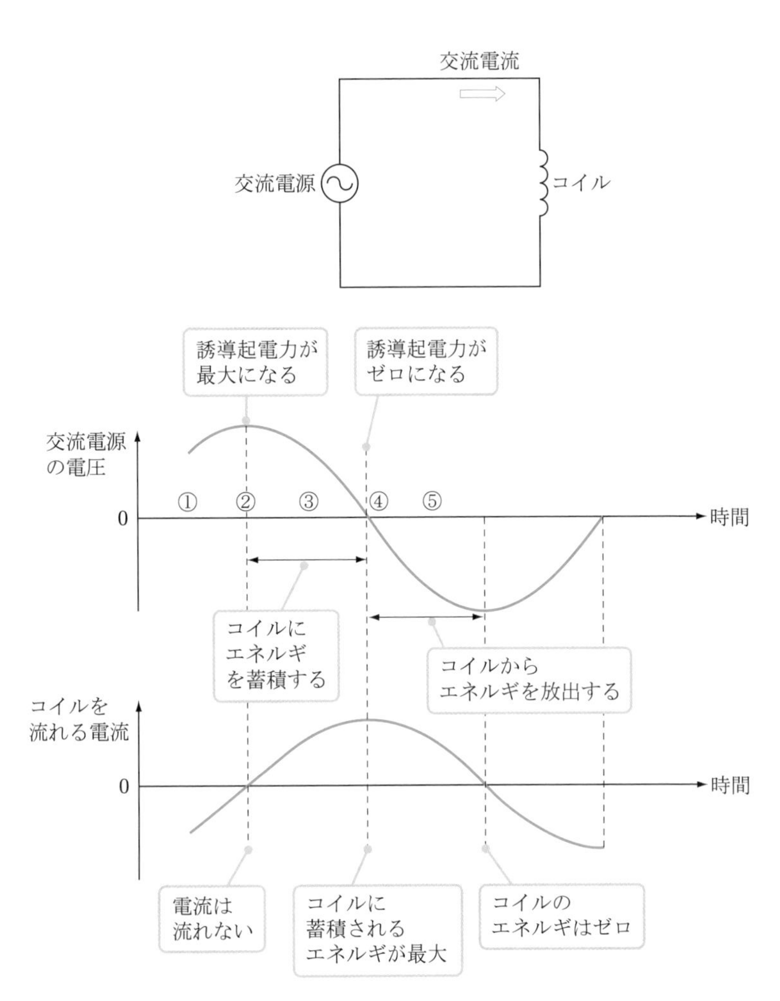

▷ **図 3.7　コイルに交流電圧を加える**

交流電圧の周波数が高いということは，電圧のプラスマイナスの切り替えが短時間で行われるということである．短時間だと電流が十分大きくならないうちに電圧が切り替わってしまう．そのため，交流電圧の周波数が高いほどコイルには電流が流れにくいことになる．つまり，コイルの見かけ上の抵抗は周波数に応じて大きくなる．このような交流電流に対するコイルの見かけ上の抵抗を，コイルの**リアクタンス**と呼んでいる．コイルのリアクタンス X_L は交流の周波

数 ω に比例する．

コイルのリアクタンスの単位は抵抗と同じ [Ω] である．リアクタンスの大きさ $|X_L|$ はインダクタンス L を用いて次のように表される．

$$|X_L| = \omega L \, [\Omega]$$

リアクタンスの単位は抵抗と同じ [Ω] なので，リアクタンスの大きさと電圧，電流の実効値との関係はオームの法則で表すことができる．

電圧の実効値 [V] = リアクタンスの大きさ [Ω] × 電流の実効値 [A]

3.4.2 コンデンサの場合

次に，交流電圧が連続的にコンデンサに加わっている状態を考える．交流電圧の大きさが変化することにより次のようなことが生じる（**図 3.8**）．

① コンデンサの電圧が増加している間は静電誘導により内部に電荷が蓄積される．電荷を蓄積してゆくので電流が減少してゆく．
② 電圧が最大値になると，蓄積される電荷も最大となり変化しないのでコンデンサには電流が流れなくなる．このとき，電圧が最大なのでコンデンサに蓄積されたエネルギは最大である．
③ 電圧が減少し始めると，それまでの静電誘導で蓄積された電荷がコンデンサから放出される．つまり，コンデンサからマイナスの電流が流れ始める．
④ 電圧がゼロになると，コンデンサ内部に残った電荷はキャンセルされ消失する．
⑤ 電圧がマイナスに増加する間は，コンデンサにはマイナスの電荷が蓄積される．電荷を蓄積するための電流は電圧がプラスのときとは逆方向に流れる．

コンデンサに交流電圧を加えると電荷を蓄積，放出する．それによってプラスマイナスの交流電流が流れる．コンデンサは絶縁物で構成されているにもかかわらず交流電流は常に流れるのである．電流の変化は電圧の変化より時間的に先に起こっている，つまり位相差が生じている．

コンデンサに加えられる交流電圧の周波数がコンデンサの動作へ与える影響

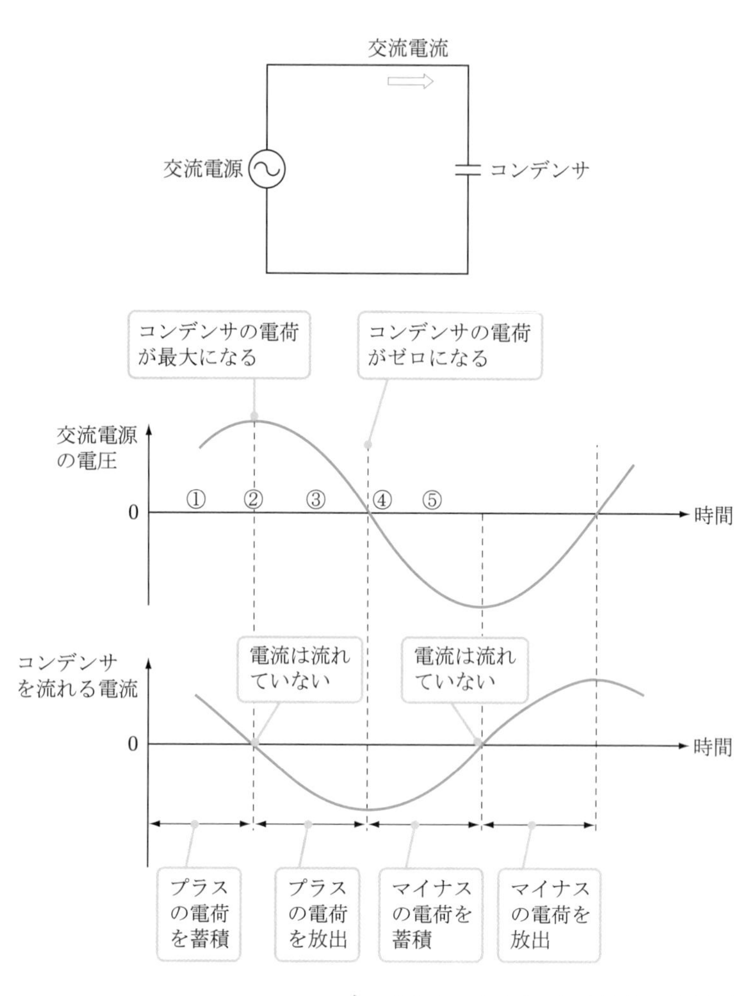

図 3.8　コンデンサに交流電圧を加える

を考える．交流電圧の周波数が高いということは，電圧のプラスマイナスの切り替えが短時間で行われるということである．電圧のプラスマイナスの切り替えが短時間だと，コンデンサの電荷の誘導，放出が早く繰り返される．そのため，周波数が高いほどコンデンサには電流が流れやすいことになる．つまり，コンデンサの見かけ上の抵抗は周波数に応じて小さくなる．このような交流電流に対するコンデンサの見かけ上の抵抗を，コンデンサのリアクタンスと呼ん

でいる．コンデンサのリアクタンスの大きさ $|X_C|$ は交流の周波数 ω に反比例する．

$$|X_C| = \frac{1}{\omega C}\,[\Omega]$$

コンデンサのリアクタンスの単位もコイルと同じく $[\Omega]$ である．コンデンサのリアクタンスの大きさと電圧，電流の実効値との関係はコイルと同様にオームの法則で表すことができる．

$$\text{電圧の実効値}\,[\mathrm{V}] = \text{リアクタンスの大きさ}\,[\Omega] \times \text{電流の実効値}\,[\mathrm{A}]$$

コイルもコンデンサも，交流電圧を連続的に加えると連続的な交流電流が流れるのである．しかも電圧電流を実効値とすれば，リアクタンスの大きさとの関係はオームの法則で考えることができる．しかし，瞬時値の電圧と電流の関係では，電圧と電流に位相差が生じてしまうことから，単純にオームの法則で考えることができなってしまうことも注意してほしい．

3.5 インピーダンス

前節で述べたように，コイルやコンデンサのリアクタンスの大きさは周波数で変化するが，抵抗の値は周波数で変化しない．そこで，それらを合わせて考えたインピーダンスという量を導入する．

3.5.1 インピーダンスとは

インピーダンス Z は抵抗 R とリアクタンス X を合わせて考えた量で，

$$\begin{aligned}\text{インピーダンス}\ Z\,[\Omega] = \text{抵抗}\ R + \text{コイルのリアクタンス}\ X_L \\ + \text{コンデンサのリアクタンス}\ X_C\end{aligned}$$

という形式で表される．インピーダンスの大きさには単位は $[\Omega]$ を使う [1]．ただし，リアクタンスの大きさは周波数により変化するので，インピーダンスの

1　正確にはインピーダンスは複素数なので，インピーダンスの大きさは $|\dot{Z}|$ と表す（次項で述べる）．

大きさも周波数により変化することに注意を要する.

インピーダンス Z を使えば，交流の電圧 V と電流 I の関係が交流のオームの法則の形式で表される.

$$V = ZI$$

複数の抵抗やリアクタンスが直列に接続されているとき，それぞれの値は合成できる．直列接続の場合，合成抵抗 R や合成リアクタンス X の大きさは単純に足し算である．また，並列に接続された場合にも一つの値として表すことができる．ただし，これはそれぞれ，抵抗 R どうし，コイルのリアクタンス X_L どうし，コンデンサのリアクタンス X_C どうしの，同じものの直並列合成の場合である．抵抗 R，コイルのリアクタンス X_L とコンデンサのリアクタンス X_C は単位が同じ $[\Omega]$ であっても単純に足し算により合成することはできない．実はこれが交流の最も難しいところである．インピーダンスを合成するには電圧と電流の位相を考慮する必要がある．実は，インピーダンスは単純な数値（スカラ量）ではなく，複素数（ベクトル量）である．インピーダンスの合成は複素数による計算が必要である.

3.5.2 インピーダンスを使って交流の電気回路を表す

インピーダンスは交流電圧と交流電流の関係を表している．インピーダンスを扱う前提条件は，電圧，電流とも正弦波であり，正弦波は複素数表示されていることである.

電気工学では，複素数の虚数単位として j を用いる [2].

$$j^2 = -1$$

三角関数と複素数の関係はオイラーの公式により次のように表される.

$$e^{j\theta} = \cos\theta + j\sin\theta$$

これを利用して，正弦波の実効値が I で，位相が θ の交流電流を次のように表すことにしている.

2 数学では虚数単位には「i」を用いるが，電流の「i」との混同を避けるために「j」を使う.

$$\sqrt{2}I\cos(\omega t+\theta)=\sqrt{2}Ie^{j\theta}$$

このように，交流の電圧，電流は指数関数で表される．また複素数なので，複素平面上のベクトルと考えることができる．すると電圧と電流の関係を示すインピーダンスも複素数となり，複素平面上のベクトルで表すことができる．

このようにしたとき，位相が $\pi/2$ 進むのは**図 3.9** に示すように $a+jb$ が $-b+ja$ となるので，「j」をかけることになる．また，$\pi/2$ 遅れるのは「$-j$」をかけることになる．このような約束での取り扱いを記号法という．

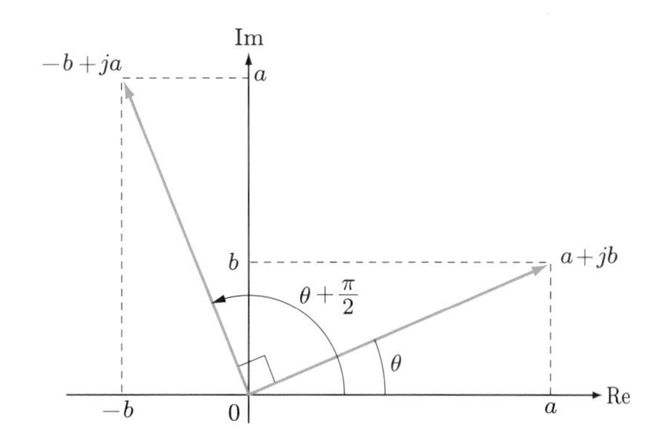

図 3.9　複素平面上のベクトル

記号法によりインピーダンスを再度説明する．正確には，複素数表示していることを示すために，記号の上に $\dot{V}$，$\dot{Z}_L$，$\dot{I}$ などのようにドットをつけることになっている[3]．

まず，抵抗のインピーダンスはそのまま抵抗値 $R\,[\Omega]$ と表される．

$$\dot{Z}_R=R$$

コンデンサのインピーダンス $\dot{Z}_C$ はリアクタンスのみであり，次のように表される．

3　印刷物などではドットが省略されていることも多い．また，ベクトルなので $\boldsymbol{I}$，$\boldsymbol{V}$，$\boldsymbol{Z}$ などの太字が使われることもある．しかし，いずれにも $j\omega$ が含まれることを前提としているので，ドットが省略されても誤解がないと考えている．したがって，本書でも以後は省略することがある．

$$\dot{Z}_C = \frac{1}{j\omega C} = -j\frac{1}{\omega C} = \dot{X}_C$$

このことは，コンデンサは「$-j$」をかけるので，位相を $\pi/2$ 遅らせる作用をすることを表している．同様に，コイルのインピーダンス $\dot{Z}_L$ は次のようになる．

$$\dot{Z}_L = j\omega L = \dot{X}_L$$

コイルは「j」をかけるので，位相を $\pi/2$ 進ませる作用をすることを表している．

3.5.3 インピーダンスの合成

インピーダンスの合成について説明する．インピーダンスは一般に，抵抗とリアクタンスの和として表される．

$$\dot{Z} = R + \dot{X} = R + j\omega L - j\frac{1}{\omega C}$$

各種回路の合成インピーダンスの大きさを**図 3.10** に示す．抵抗とコイルが直列接続されているとき，それぞれのインピーダンスは $R\,[\Omega]$ と $\dot{X}_L\,[\Omega]$ である．このときの合成インピーダンスの大きさ $|\dot{Z}_{RL}|$ は，ベクトル和を求める必要がある．合成インピーダンスの大きさは R と $|\dot{X}_L|$ をそれぞれ 2 乗して足したものの平方根である．すなわち，

$$|\dot{Z}_{RL}| = \sqrt{R^2 + |\dot{X}_L|^2} = \sqrt{R^2 + \omega^2 L^2}$$

である．

また，抵抗とコンデンサが直列接続されているときの合成インピーダンスの大きさ $|\dot{Z}_{RC}|$ もベクトル和なので，次のようになる．

$$|\dot{Z}_{RC}| = \sqrt{R^2 + |\dot{X}_C|^2} = \sqrt{R^2 + \frac{1}{\omega^2 C^2}}$$

抵抗，コンデンサ，コイルの三つが直列接続されると，合成インピーダンスの大きさ $|\dot{Z}_{RLC}|$ は X_L と X_C をそれぞれ考慮して次のようになる[4]．

4　インピーダンスの合成については説明を省略している．詳しくは電気回路学などの教科書を参照してほしい．

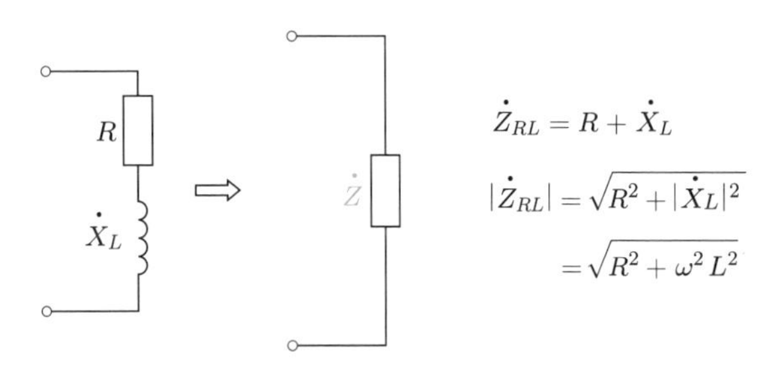

(a) 抵抗とコイル (RL回路)

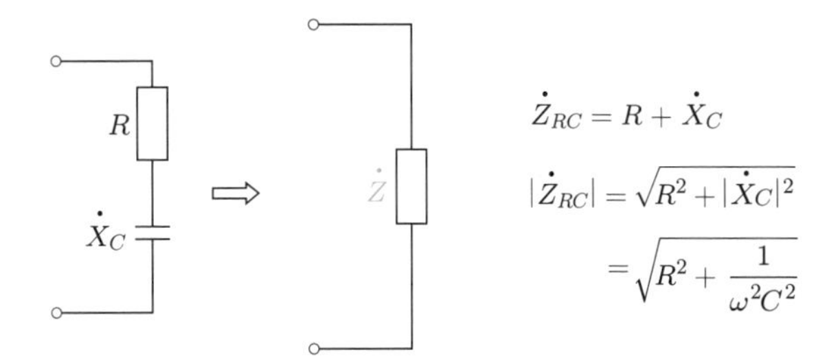

(b) 抵抗とコンデンサ (RC回路)

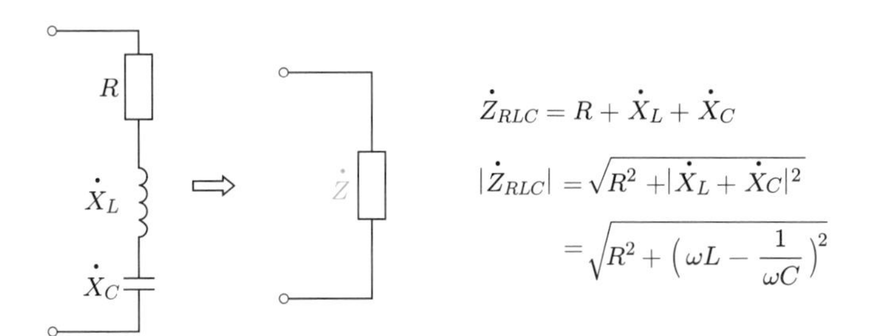

(c) 抵抗とコイルとコンデンサ (RLC回路)

図 3.10　各種回路のインピーダンス

$$|\dot{Z}_{RLC}| = \sqrt{R^2 + |\dot{X}_L + \dot{X}_C|^2} = \sqrt{R^2 + \left(\omega L - \frac{1}{\omega C}\right)^2}$$

このときの合成インピーダンスを複素平面上のベクトルで表すと**図 3.11** のようになる.

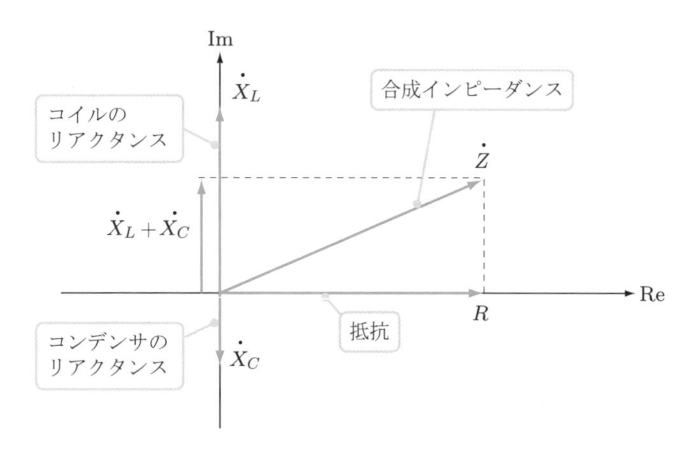

図 3.11　RLC 回路の合成インピーダンスのベクトル表示

このように求めた合成インピーダンスの大きさを使えば，コイルやコンデンサが組み合わされた複雑な回路でも電圧と電流の実効値との関係をオームの法則により表すことができる．

$$\text{電圧の実効値 [V]} = \text{合成インピーダンスの大きさ } [\Omega] \times \text{電流の実効値 [A]}$$

さらに，インピーダンスは位相についての操作も含んでいるので，電圧と電流の間の位相関係を表すこともできる．

3.6　三相交流

ここまで説明してきた交流は 2 本の導線で供給されている．このような交流は単相交流と呼ばれている．一般に，交流の電力を利用する場合，三相交流と呼ばれる交流が使われることが多い．実は交流のほとんどは三相交流なのである．単相交流は家庭などで，比較的電力の小さい機器や設備に限って使われている．ビル，店舗，工場，送電，配電などの電力の大部分では三相交流が使われている．また，パワエレで駆動するモータのほとんどは三相モータであり，パワエレを使った風力発電をはじめとする分散型発電システムもその多くが三相交流を供給している．

三相交流は単相交流が三つ組み合わされたようなものと考えることができる．**図 3.12** は三相交流電圧を示している．それぞれの単相交流電圧 V_a，V_b，V_c は図に示すように，互いに 120 度位相が異なっている．

図で▲で示した時刻での三相交流電圧の大きさは V_a が $+1$ で，V_b,V_c は -0.5 である．この三つの電圧を合計するとゼロである．

$$V_a + V_b + V_c = 0$$

実はどの時刻でも $V_a + V_b + V_c$ は常にゼロとなる．このように位相が 120 度異なる三つの正弦波であれば，三相交流電圧の瞬時値の合計は常にゼロとなる．

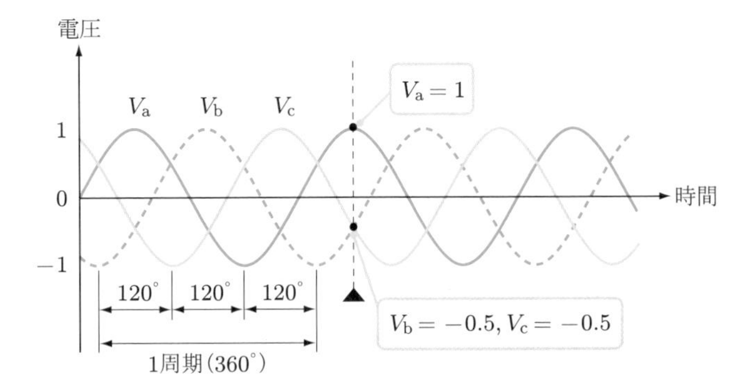

▷ **図 3.12**　三相交流電圧

三相交流の原理を**図 3.13** により説明する．図 (a) に示すように，位相が 120 度異なる三つの単相交流電源 V_a，V_b，V_c があり，それぞれの回路では単相交流がそれぞれの負荷に供給されている．図 (a) の中央 3 本の線を考える．この 3 本の線を図 (b) のように一つの共通の線として考える．すると，三つの単相交流の電圧の合計は常にゼロである．つまり，この共通線には 3 つの電圧が加わっているので，電圧はゼロである．電圧がゼロなので電流は流れない．そこで，共通線には電流も流れず，電圧もゼロなので，共通線を取り去ることができる．これにより，3 組の単相交流は図 (c) のように 3 本の導線で負荷に接続できる．これが三相交流の原理である．三相交流が供給する負荷も，三つの負荷が Y 形に結線された三相負荷である．

三相交流の 3 本の導線それぞれには単相交流と同じ交流電流が流れている．三

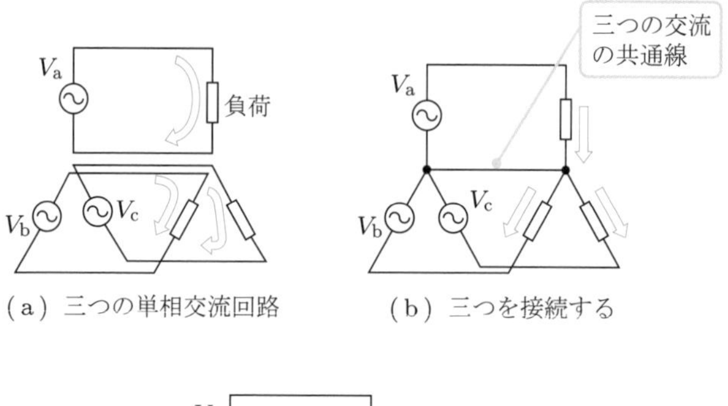

(a) 三つの単相交流回路　(b) 三つを接続する

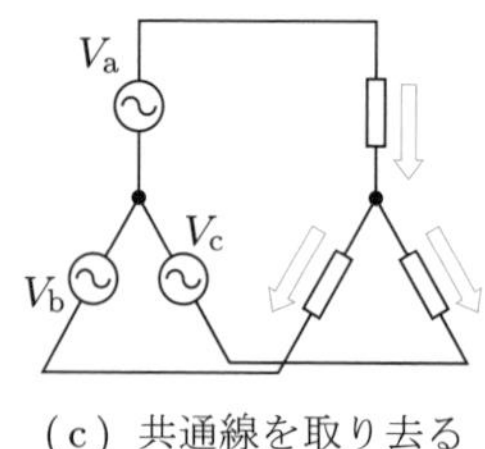

(c) 共通線を取り去る

図 3.13　三相交流の原理

相交流のそれぞれの単相交流を相と呼ぶ．それぞれの相は位相が 120 度異なっているので電流の向きの入れ替わりは同時に行われず，120 度（1 周期の 1/3）の位相に相当する時間だけずれている．つまり，三つの相の電圧（**相電圧**）が同時にゼロになる瞬間がない．これが三相交流の特徴である．電流も同様に，3 本の線を流れる電流が同時にゼロになることはない．それぞれの線には単相交流電流が流れている．これを**線電流**と呼ぶ．それぞれの線電流はゼロになる瞬間がある．しかし，そのとき，他の二つの相の線電流は流れている．また，2 本の線の間の電圧（**線間電圧**）も単相交流電圧となっている．つまり，電圧がゼロの瞬間がある．しかし，他の線間電圧はゼロでない．モータを連続的に回そうとすると，単相交流では電流がゼロの瞬間があり，連続的に回すのには工夫が必要である．その点で，三相交流はモータを回すのに適している．

次に，三相交流電源が三相負荷に接続されているときの電流の経路について説明しよう．**図 3.14**(a) には三相交流電流を示している．この交流電流には時刻が ① から ⑦ まで示してある．図 (b) には，それぞれの時刻 ① から ⑦ にお

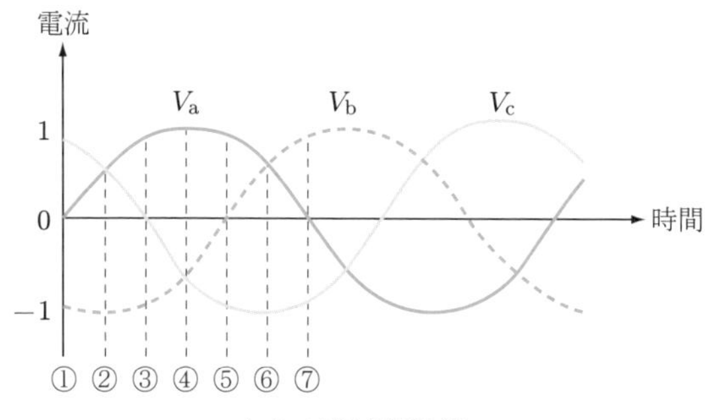

(a) 三相交流電流

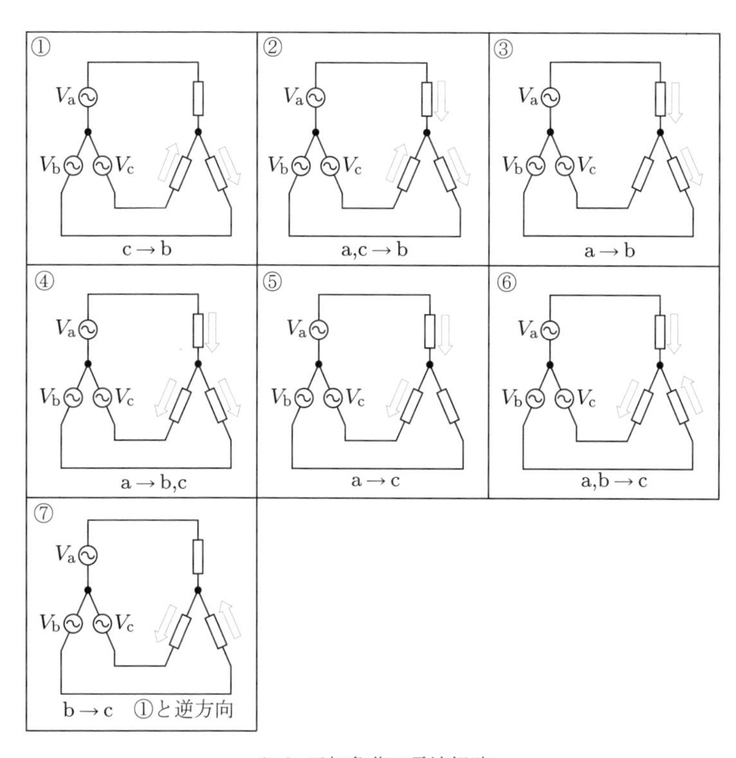

(b) 三相負荷の電流経路

図 **3.14** 三相交流電流の経路

3 交流とは

いて三相負荷に流れる電流の経路を示している．

時刻 ① では V_{a} の位相が 0 度なので V_{a} はゼロ，V_{b} は $-\sqrt{3}/2=-0.866$ であり，V_{c} は $\sqrt{3}/2=0.866$ である（$V_{\mathrm{a}}+V_{\mathrm{b}}+V_{\mathrm{c}}=0$ である）．このときは三相負荷の電流はプラスの V_{c} からマイナスの V_{b} に向けて流れ，V_{a} につながれた負荷には電流は流れない．時刻 ② は V_{a} の位相が 30 度である．三相負荷の電流はプラスの V_{a} と V_{c} から流れ込み，マイナスの V_{b} に向けて電流が流れる．このように各時刻で電流の経路が切り替わってゆく．しかも，それぞれの線電流は正弦波である．

発電所では三相交流を発電し，三相交流が送電されている．家庭で使用する単相交流は送電された三相交流のうちの 2 本から取り出している．パワエレでモータや電力を扱う場合，三相交流を扱うことが多い．三相交流はぜひとも理解してほしい．

3.7　交流電力

直流の場合，電圧の大きさ [V] と電流の大きさ [A] の積が電力 [W] であった．また，直流と同じ働きをする交流の大きさが実効値であった．しかし，交流の場合，電圧の実効値と電流の実効値をかけ算しても交流の電力とはならない．実は，コンデンサやコイルの作用により電圧と電流に位相差を生じるので，電圧と電流の実効値の大きさだけでは電力が決まらないのである．

図 3.15 に示すように，交流電圧と交流電流に位相差 θ がある場合を考える．この図は電流が電圧より位相が θ だけ遅れている．このとき，交流電圧 $v(t)$ と交流電流 $i(t)$ の瞬時値を直接掛け算したものを，図では p の曲線で示している．p を瞬時電力と呼ぶ．瞬時電力 p は一定値ではなく，変化している．電圧 $v(t)$ がプラスで，電流 $i(t)$ がマイナスの区間では瞬時電力 p はマイナスになっている．つまり，瞬時電力がマイナスになるということは，電力を差し引く作用をするということである．差し引きした結果が交流の実効的な電力である．この実効的な電力は**有効電力**と呼ばれる．マイナスの電力として差し引かれる電力は**無効電力**と呼ばれる．

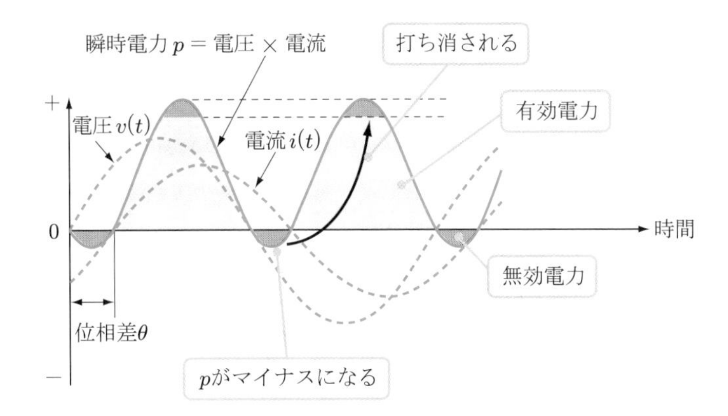

▷ **図 3.15　交流の電力**

電圧と電流の位相差が無効電力を作り出している．位相差が小さければ，無効電力が小さくなる．そこで，位相差と電力の関係を**力率**として表す．力率は位相差 θ のとき，$\cos\theta$ となる．このとき，位相差 θ は力率角と呼ばれる．

したがって，有効電力 P [W] は次のように表される．

$$P = VI\cos\theta$$

また，無効電力 Q [var] は次のように表される．

$$Q = VI\sin\theta$$

さらに，電圧と電流の実効値の積は皮相電力 S [VA] と呼ばれる．

$$S = VI$$

この三つの電力の関係は**図 3.16** のベクトル図で説明される．

また，三相交流の場合，有効電力 P は，線電流と線間電圧の実効値を用いて次のように表される．

$$P = \sqrt{3}VI\cos\theta$$

なお，本章では力率は電流と電圧の位相差で表されると説明したが，8.4 節で述べるように，力率の定義は皮相電力と有効電力の比である．正弦波の場合にその比が $\cos\theta$ と等しいということである．

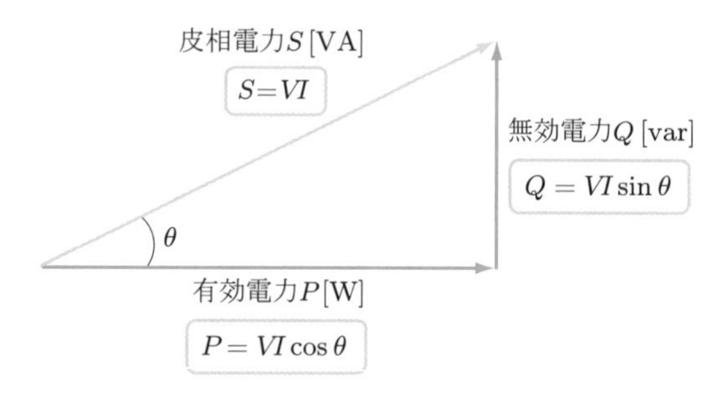

図 **3.16**　有効電力と無効電力

COLUMN　直流交流論争

19 世紀の終わり頃，電流戦争と呼ばれる大論争がありました．米国で新しく作る発電所の電気方式を交流にするか直流にするかの論争です．直流を主張したのはエジソンで，交流を主張したのはウエスチングハウスでした．論争の結果，新しい発電所はウエスチングハウスが主張する交流が採用されました．

このとき交流が採用された大きな理由は，交流を使うと長距離を送電できることにありました．当時すでに発明されていた変圧器により交流の電圧を調節することができます．長距離を送電して電圧が低くなってしまっても，変圧器で電圧を再び高く戻すことができるのです．当時の技術では直流ではそれができなかったのです．その結果，はるか遠くのナイアガラに大規模な水力発電所を設けることなどが可能になり，全米に電気の利用が広がってゆきました．

ところが，現在ではパワエレを使えば直流の電圧を自由自在に制御できるようになっています．そのため，あちこちで直流送電も使われるようになってきています．

パワエレの基本

本章ではパワエレで行う電力変換の基本について説明する．電力変換の基本はスイッチングである．スイッチングとは，ある周期でスイッチのオンオフを繰り返すことである．電圧や電流をスイッチングするので，コイルとコンデンサが大きな役割を果たしている．

4.1 電力変換

パワエレではある形態の電力を別の形態の電力に変換する．これを電力変換と呼ぶ．直流の場合，電圧と電流の大きさが決まれば電力を求めることができるので，電圧と電流で電力の形態が決まるといえる．しかし，交流の場合，電圧，電流の大きさだけでなく，周波数，位相，相数などの多くの要因を決めないと電力の形態が定まらない．

各種の電力変換を**図 4.1** に示す．パワエレにより電力の形態はいかようにも変換できる．このうち，図の上側に示すように，交流を直流に変換するのを順変換と呼ぶ．また，直流の電圧や電流を別の電圧，電流に変更することを直流変換という．また，交流を別の周波数や電圧の交流に変更することを交流変換という．ところが，直流を交流に変更する変換は逆変換と呼ばれている．

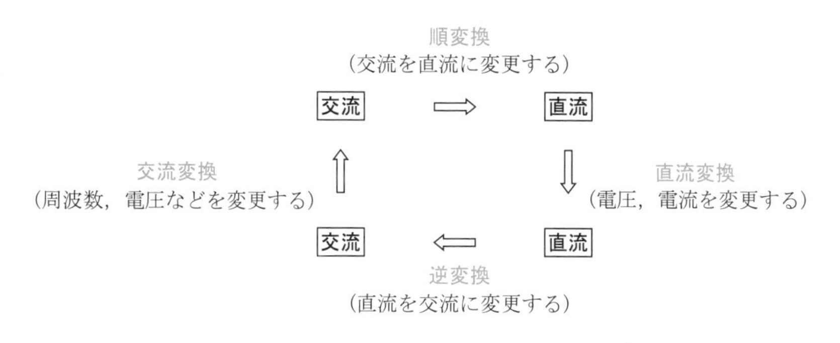

図 4.1　電力変換

なぜ「逆」と呼ぶかを説明しよう．パワエレが出現する以前は，発電機や真空管を使って電力の形態を変換していた．その時代は回転数を可変するモータとして直流モータが広く使われていた．そのため，モータを制御するために商用電源の交流から直流への電力変換は古くから行われていた．長い間，交流から直流への電力変換だけしか行われていなかったので，これを電力変換と呼んでいた．ところが，パワエレの出現によって直流から交流への電力変換が可能になった．これは従来，電力変換と呼んでいた変換とは逆方向の変換なので，これを逆変換と呼ぶようになった．これに対応して，従来からの，交流から直流への変換も順変換と呼ぶようになった．逆変換は英語ではインバート (invert) である．そこで，直流から交流に変換する回路や装置を**インバータ**と呼ぶようになったのである．

「はじめに」で述べたように，パワエレはエネルギを制御する技術であり，単に電力の形態を変更するのを目的とした電力変換だけの技術ではない．パワエレは電力変換を手段として，電気エネルギを他の形態のエネルギに変換して利用するための，エネルギ制御の技術である．なお，電力分野で用いられているパワエレは電力の形態を変換することが主たる目的である．しかし，これも電気エネルギの制御を行っているので，パワエレによるエネルギ制御と考えてもよいと思う．

4.2 スイッチング

パワエレの基本はスイッチのオンオフ動作である．スイッチというと電源をオンオフするために使うものと思われるかもしれないが，パワエレではオンオフを高速で繰り返すためにスイッチを使用する．これをスイッチングという．

スイッチングについて説明しよう．**図 4.2** に示すように，直流電源 E と抵抗 R の間にスイッチ S がある．スイッチがオンして回路がつながると，抵抗 R には直流電源の電圧 E [V] がそのまま加わる．スイッチをオフすれば抵抗に加わる電圧はゼロとなる．このスイッチを高速でオンオフを繰り返すことがスイッチングである．スイッチングにより抵抗 R に加わる電圧は E とゼロを繰り返

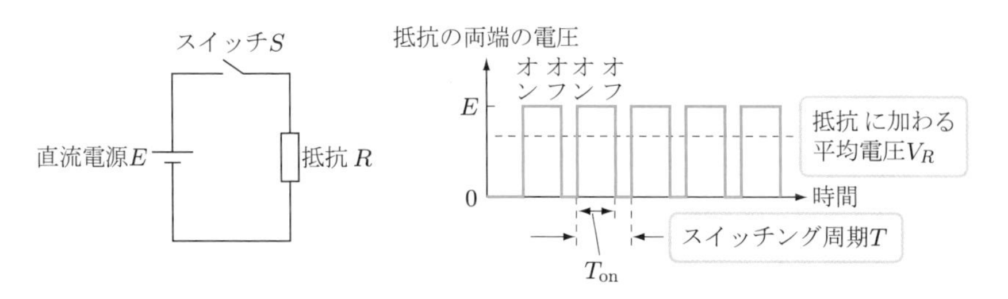

▷ **図 4.2　スイッチ回路**

す．このとき，抵抗 R にはオンオフによる平均的な電圧が加わると考えることができる．

平均的な電圧とは，時間に対する電圧の面積と考えればよい．いま，オンから次のオンまでの時間を一定としてオンオフを繰り返しているとする．この時間をスイッチング周期 T という．スイッチング周期 T はオン時間とオフ時間の合計である．このとき，平均電圧はスイッチのオン時間の割合に比例する．スイッチング周期 T とオン時間 T_{on} の比率をデューティファクタと呼ぶ．デューティファクタ d は次のように表される[1]．

$$d = \frac{T_{\mathrm{on}}}{T} = \frac{T_{\mathrm{on}}}{T_{\mathrm{on}} + T_{\mathrm{off}}}$$

したがって，抵抗 R にかかる平均電圧 V_{AVE} はデューティファクタ d に比例する．

$$V_{\mathrm{AVE}} = d \cdot E$$

たとえば**図 4.3** に示すように，電源電圧が 200 V のとき，デューティファクタが 0.2 であれば，平均電圧として 40 V が得られる．

負荷抵抗にはスイッチがオンの期間だけ電流が流れる．オン期間の電流の大きさ I は，オームの法則により求めることができる．

$$I = \frac{E}{R}$$

また，オフの期間は電圧がゼロなので，抵抗 R に流れる電流はゼロである．電

1　この式の導出は 6.1 節で述べる．

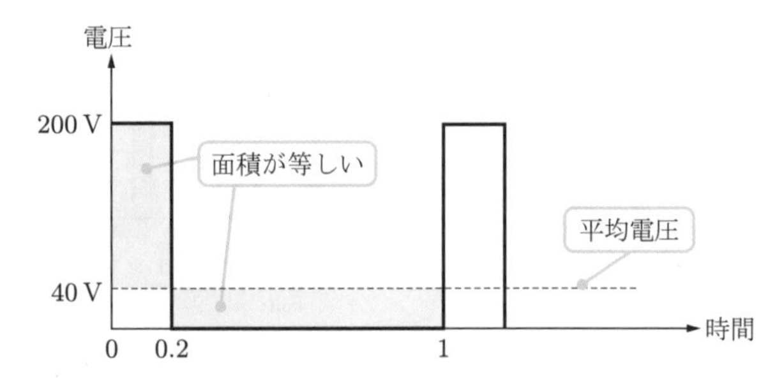

図 4.3　電圧の平均値

流もスイッチングにより断続する．このとき，電流の平均値 I_{AVE} も電圧と同じようにデューティファクタに比例すると考えることができる．

$$I_{\mathrm{AVE}} = d \cdot \frac{E}{R}$$

このようにして，スイッチングにより抵抗 R の電圧，電流の平均的な大きさを調節することができるようになる．

スイッチングにおいて，スイッチング周期 T の逆数，すなわち，オンの回数を**スイッチング周波数** f_{s} と呼ぶ．スイッチング周波数の単位は [Hz] を使う．通常は 1 秒間に 1000 回以上 (1000 Hz = 1 kHz) のスイッチングを行うことが多い．

$$f_{\mathrm{s}} = \frac{1}{T} = \frac{1}{T_{\mathrm{on}} + T_{\mathrm{off}}}$$

4.3　コイルのはたらき

スイッチングにより抵抗 R の電圧，電流の平均的な大きさは調節できるが，抵抗に流れる電流はスイッチがオンオフするので断続してしまう．パワエレを利用する場合，パワエレ機器が出力する電流を利用することが多い．そのため，電流が断続してしまうと利用上の問題となる可能性がある．そこで，電流が断続しないようにする工夫が必要である．これを電流の**平滑化**という．そのためにコイルを用いる．

まず，図 4.2 ではスイッチのみを使っていたが，スイッチ S と抵抗 R の間に

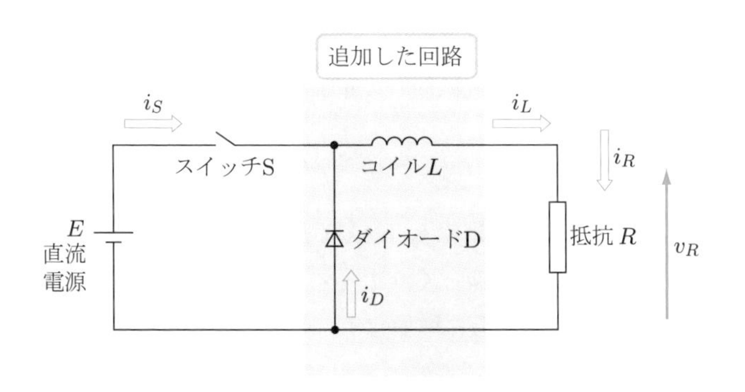

図 **4.4**　コイルを追加した回路

コイル L とダイオード D を取り付けた**図 4.4** を考える．このときの各部を流れる電流を図に示す名称で呼ぶことにする．この回路をスイッチングすると，次のように電流が流れる．

(1)　スイッチ S のオン期間（図 4.5）

直流電源 E のプラス極から電流が流れ出て，次の経路を流れる．

電源のプラス極 → スイッチ（S） → コイル（L） → 抵抗（R） → 電源のマイナス極

この期間は，ダイオード D に印加される電圧が逆極性となるのでダイオードは導通せずにオフしている[2]．スイッチ S がオンしているときの回路は図 2.1 で

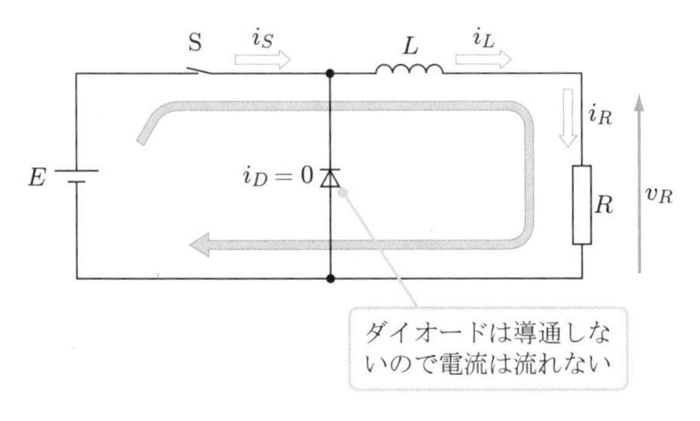

図 **4.5**　スイッチ S のオン期間の電流

2　ダイオードの原理は第 5 章で述べる．

示した抵抗とコイルの直列回路となる．このとき，電流は連続するという性質があるので，各部を流れる電流は同一の電流である．

$$i_S = i_L = i_R$$

スイッチ S がオンすると，電流 i_S は抵抗 R とコイル L の直列回路を流れるので，図 2.2 に示したようにゆっくり上昇する．コイルを入れることによりスイッチオンの瞬間に電流が急激に増加せず，立ち上がりが緩やかになる．2.3 節で述べたように，この間にコイルにエネルギを蓄積してゆく[3]．コイルに流れる電流は，コイルに蓄積されるエネルギに応じて増加してゆく．

(2) スイッチ S のオフの期間（図 4.6）

スイッチ S がオフすると直流電源 E が切り離されるので，電源からスイッチに向けての電流が供給されなくなる．しかし，オン期間の間にコイルにエネルギが蓄積されている．コイルにエネルギが蓄積されているので，電流がすぐにゼロになることができない[4]．コイルに蓄えられたエネルギが起電力となり，電流の源となる．このとき，コイルの起電力によりダイオード D が導通するの

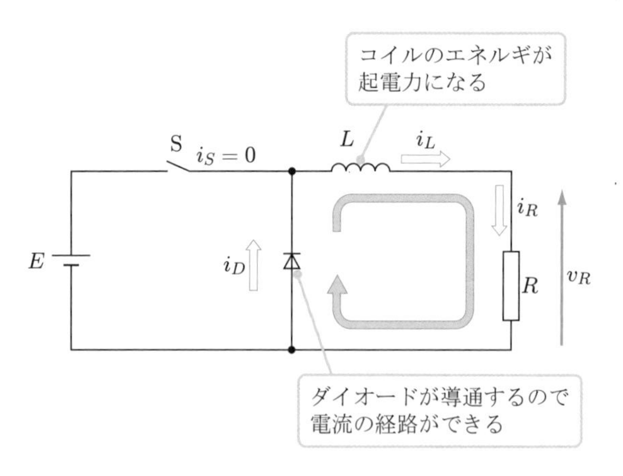

図 4.6　スイッチ S のオフ期間の電流

3　p.62 の Note「RL 回路の過渡現象」参照．

4　エネルギ保存の法則から，コイルにエネルギがある間はエネルギに対応する電流は流れていなくてはならない．もし，電流の流れる経路がない場合，エネルギは電圧に変化し，高電圧が生じ，火花放電や音などによりエネルギを放出する．

で，電流が流れる経路が次のようにできあがる．これを還流という．また，このダイオードを還流ダイオード（フリーホイールダイオード）と呼ぶ．

コイル (L) → 抵抗 (R) → ダイオード (D) → コイル (L)

コイルに蓄積されたエネルギの減少にしたがって電流はゆっくり低下してゆく．

スイッチ S のオフ期間にはダイオード電流 i_D が流れる．このとき，各部を流れる電流は同一の電流である．

$$i_D = i_L = i_R$$

このようにスイッチのオンオフを交互に行うと，抵抗 R には i_S と i_D が交互に供給され，それが抵抗 R を流れる電流 i_R となる．抵抗 R に流れる電流 i_R の変化を**図 4.7** に示す．図に示すようにスイッチオンの期間には電流が増加し，オフの期間には減少する．つまり電流は断続せず，変動するだけになる．それに伴い，抵抗の電圧 v_R もオームの法則に従うので，断続せず，変動するようになる．このような電圧や電流の周期的な変動を**リプル**（脈動，ripple）という．

スイッチがオフしても，コイルの作用により，それまで流れていた電流と同一方向に電流を流し続けるようになる．つまり，コイルが電流の変化を抑える作用を利用して平滑化できるのである．

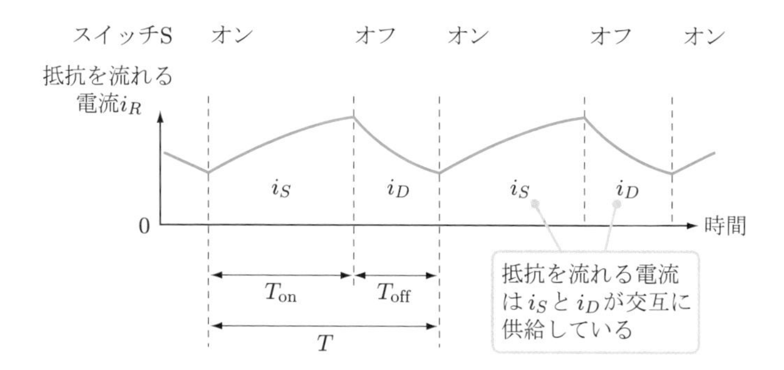

図 4.7　スイッチングによる抵抗の電圧と電流

Note　RL 回路の過渡現象

抵抗 R とコイル L の RL 直列回路に直流電圧を加えたとき，電流は次のような時間的な変化をする．

$$i(t) = \frac{E}{R}(1 - e^{-\frac{R}{L}t})$$

回路図と電流の変化を**図 N.1** に示す．この回路でスイッチをオンすると，電圧は瞬時に RL 直列回路に加わるが，電流はゆっくり増加する．このように状態が変化したときに，時間的な変化が生じる現象が過渡現象である．

スイッチをオンした瞬間 $(t = 0)$ の電流の傾きは E/L に比例する．十分時間がたつと $(t = \infty)$，電流は E/R の一定値になる．電流が徐々に増加している間に，インダクタンスに電流値に応じたエネルギが蓄積されてゆく．

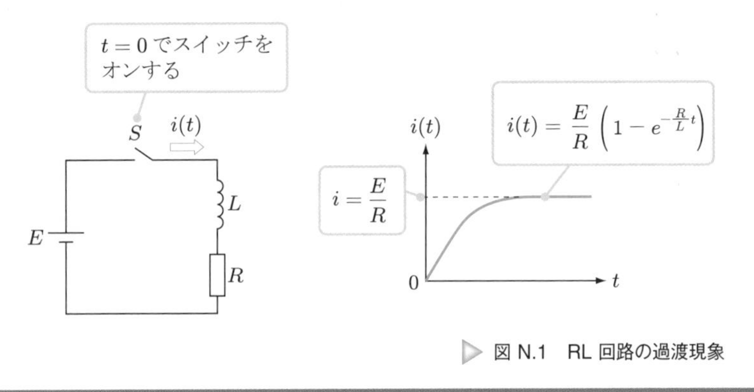

図 N.1　RL 回路の過渡現象

4.4　コンデンサのはたらき

コイルを追加すると抵抗の電圧，電流が断続しなくなり，変動するだけになる．この回路にコンデンサを追加することにより，さらに変動を小さくすることができる．

図 4.8 に示すように，図 4.4 の回路にコンデンサを追加する．ここで，コンデンサの電圧を v_C，電流を i_C とする．

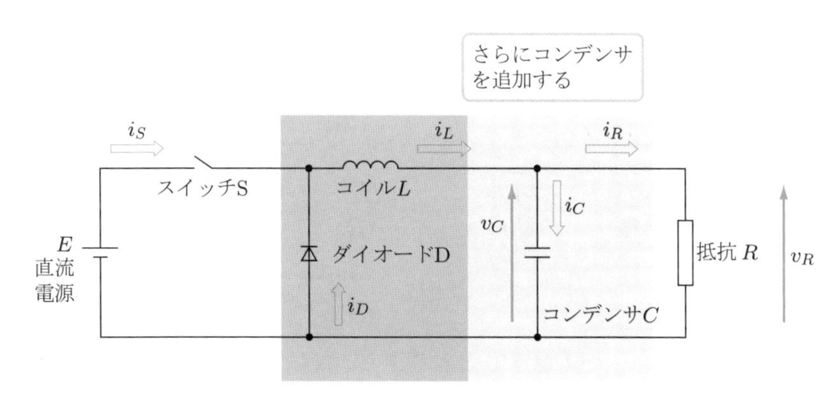

図 **4.8** コンデンサを追加した回路

(1) スイッチ S のオン期間（図 4.9）

スイッチがオンの期間には抵抗 R に電流 i_R が流れているが，同時にコンデンサに電流 i_C が流れる．電流 i_C が流れ込むことにより，コンデンサの電圧 v_C が上昇してゆく．電圧が上昇するということは，コンデンサにエネルギを蓄積していることを意味している．コンデンサにエネルギを蓄積することをコンデンサの充電と呼ぶ．この期間はコンデンサを充電するための電流 i_C がコンデンサに流れ込むので，その分だけ i_R が減少する．つまり，次のような関係になる．

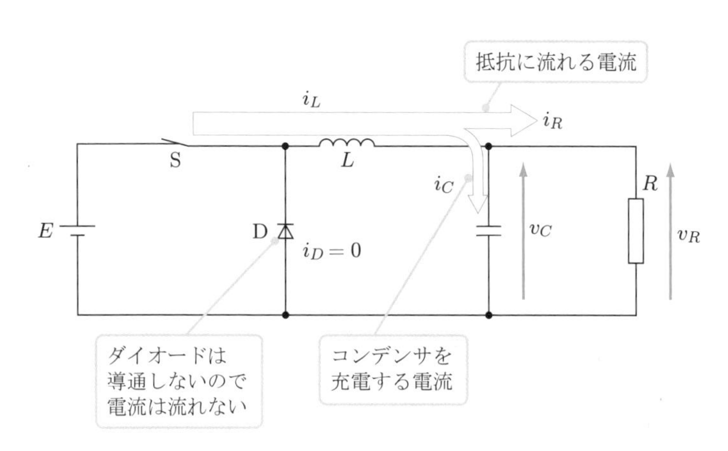

図 **4.9** スイッチ S のオン期間の電流（コンデンサ追加）

$$i_L = i_R + i_C$$

このことは，抵抗に流れる電流 i_R の立ち上がりがコイルだけのときより抑えられ，さらにゆっくりとなることを表している．電流の経路は次のようになる．

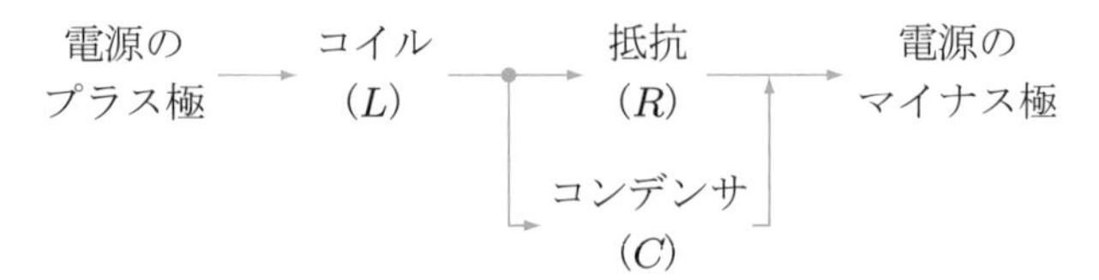

コンデンサ電圧 v_C が電源電圧 E に達するまではコンデンサに電流 i_C が流れ込む．コンデンサ電圧 v_C が電源電圧 E と等しくなると，コンデンサの充電が終了するので，コンデンサには電流が供給されなくなる．2.6 節で述べたように，コンデンサに蓄積されるエネルギはコンデンサ電圧の 2 乗に比例する．

(2) スイッチ S のオフ期間（図 4.10）

スイッチがオフの期間には，オン期間にコイルに蓄積されたエネルギが起電力となり，電流の源となる．さらに，オン期間にはコンデンサにもエネルギが蓄積されているので，コンデンサに蓄積されたエネルギも放出する．コンデンサに蓄積されるエネルギはコンデンサの電圧に対応するので，電圧に応じてエネルギを放出する．つまり，電圧が低下するとコンデンサから電流が流れ出す．コンデンサ電流 i_C はコイル電流 i_L と加算され，抵抗 R に流れる電流 i_R を増

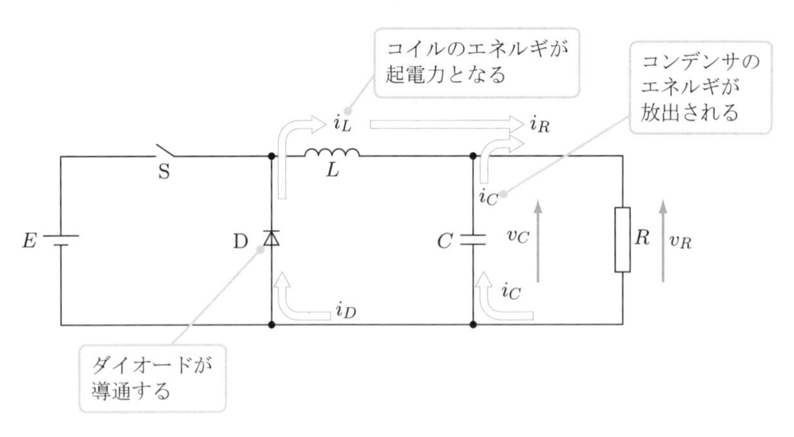

図 **4.10** スイッチ S のオフ期間の電流（コンデンサ追加）

加させる．つまり，次のような関係になる．

$$i_R = i_L + i_C$$

そのため，抵抗 R を流れる電流 i_R はさらにゆっくり低下する．エネルギの放出に応じてコンデンサ電圧 v_C は徐々に低下する．電流の経路は次のようになる．

コイル（L） → 抵抗（R） → ダイオード（D） → コイル（L）

（抵抗の後で分岐し，コンデンサ（C）を経由して抵抗の手前に戻る）

このときの各部の電圧電流の変化を**図 4.11** に示す．コンデンサの電圧 v_C には図に示すようにリプルがある．しかし，抵抗 R の電圧 v_R のリプルはコンデ

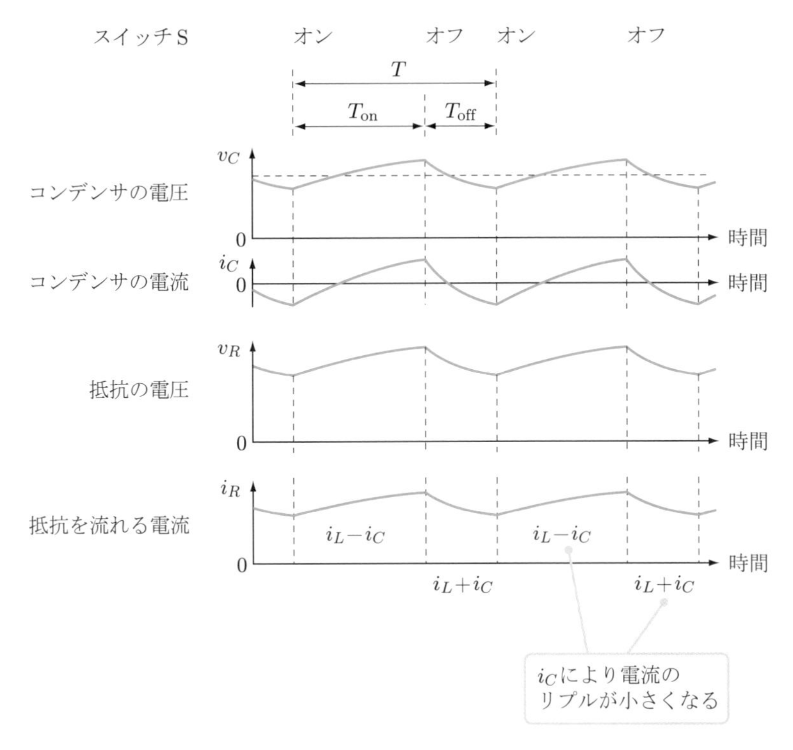

図 4.11　コンデンサを追加したときの電圧と電流

ンサの充放電により低下している．このように，コンデンサを追加することにより，電流 i_R のリプルが図 4.7 より小さくなる．それに応じて電圧 v_R のリプルも小さくなっている．なお，コンデンサ C の容量が十分大きいとすれば，抵抗 R の両端に現れる電圧 v_R はほぼ一定値の V_R となる．

このような働きをするコンデンサを平滑コンデンサと呼ぶ．また，このように，コイルとコンデンサを使って，リプルを低下させる働きをもたせた回路を平滑回路という．コンデンサを入れることにより，電圧の変化が抑えられるのである．

パワエレ回路は，このように直流電圧をスイッチングすることにより平均電圧を制御する．スイッチングにより生じる変動（リプル）をコイルとコンデンサの働きで平滑化する．これがすべてのパワエレ回路の動作の基本である．

Note　RC 回路の過渡現象

図 N.2 に示すコンデンサと抵抗の RC 直列回路において，まずスイッチを ① 側に入れると，コンデンサに電流が流れ込み，エネルギが蓄えられる．十分時間がたつと，コンデンサのエネルギ蓄積が終了し，コンデンサ電圧 v_C と電源電圧 E が等しくなり，$v_C = E$ となる．以後はコンデンサの充電が終了しているので電流は流れない．

次に，スイッチを ② 側に切り替える．このとき，コンデンサに蓄えられたエネルギが起電力となり，RC の直列回路に電流が流れる．エネルギの放出に応じてコンデンサ電圧 v_C は徐々に低下してゆく．

このとき，コンデンサ電圧 v_C は次のような時間的な変化をする．

$$v_C(t) = Ee^{-\frac{1}{RC}t}$$

スイッチを ② に切り替えた瞬間 $(t = 0)$ のコンデンサ電圧 v_C は E であるが，十分時間がたつと $(t = \infty)$，コンデンサ電圧はゼロになる．

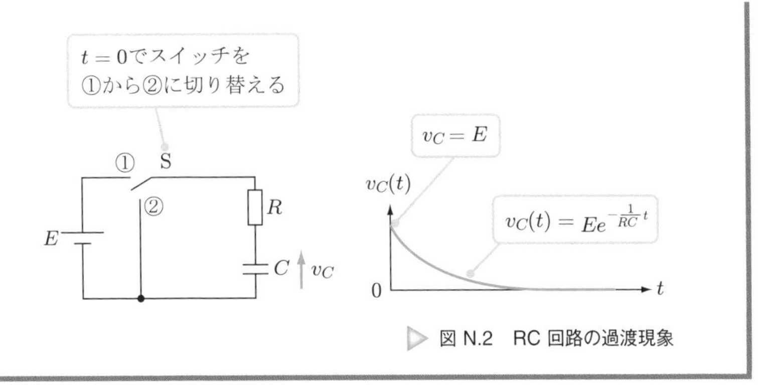

図 N.2　RC 回路の過渡現象

COLUMN　ディジタル回路のスイッチングとの違い

信号や情報を処理するためのディジタル回路でもスイッチングを使います．ディジタル回路では電圧が高いときを High とし，電圧が低いときを Low として，High と Low を “1” と “0” の信号とします．これを使って，“1011” などの 2 進法の数値で情報を伝達します．したがって，ディジタル回路の動作もパワエレと同じようにスイッチングが基本です．しかし，スイッチングとはいっても，様子が異なります．

ディジタル信号のスイッチングでは電圧の大きさを利用します．図 C.1 に示すように，High と Low を認識するために電圧の値に閾値（しきいち）というものが決められています．スイッチングによる過渡現象がほぼ終了するころは，信号が閾値を超えているので信号として検出することが可能になります．つまり，過渡現象の期間は信号として定まらないので，遅れ時間となります．

一方，パワエレのスイッチングはその目的が電流の調節にあります．本文でも説明したように，過渡現象により電流がゆっくり変化することをそのまま利用します．しかも，パワエレでは過渡現象が終了して，電流が安定する前に次のスイッチングが始まってしまうことがほとんどです．ディジタル回路とパワエレのスイッチングは似て非なるものと考えたほうがよいかもしれません．

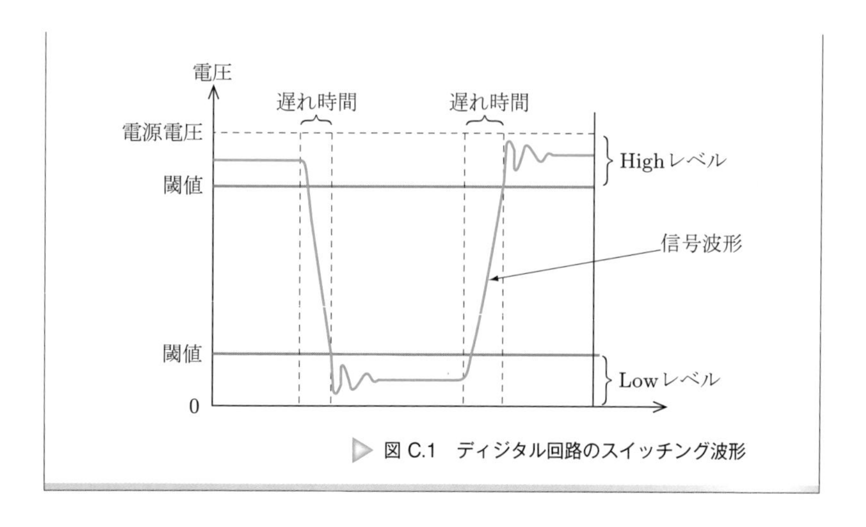

図 C.1 ディジタル回路のスイッチング波形

パワーデバイス

パワエレではスイッチングのためにパワーデバイスを使用する．本章ではパワーデバイスについて述べる．パワーデバイスとは半導体素子のうち，高電圧，大電流で用いるデバイスである．信号処理のための半導体デバイスとは構造や取り扱いがやや異なっている．

5.1　理想スイッチと半導体スイッチ

ここまで行ってきたスイッチングの説明は理想スイッチ（**図 5.1**）を使って説明してきた．理想スイッチとは次の条件を満たすスイッチである．

① スイッチがオフのとき，スイッチを流れる電流はゼロである
② スイッチがオンのとき，スイッチの両端の電圧はゼロである
③ スイッチのオンとオフの切り替えが瞬時にできる
④ 高速で長時間オンオフを繰り返しても損傷しない

図 **5.1**　理想スイッチ

この条件をすべて満たすようなスイッチがあれば理想的なスイッチングが可能であり，パワエレ回路は理論どおりに動作する．

機械式のスイッチは接点を開閉するものであるため，①，② の性質をほぼ満たしている．しかし，機械的な動作時間が必要で ③ を満たせず，また機械部品なので寿命は有限で ④ を満たすことができない．

現在のところ，半導体をスイッチとして使うことが理想スイッチに最も近い動作になると考えられている．パワエレで用いる半導体スイッチはパワーデバイスと呼ばれる．理想スイッチとパワーデバイスの動作の比較を**図 5.2** に示す．この比較から，パワーデバイスには次のような特性があることを念頭に置く必要がある．

- オンしてもパワーデバイスの両端に電圧 (v_{on}) がある（オン電圧）
- オフしてもわずかに電流 (i_{off}) が流れる（漏れ電流）
- オンオフするための動作時間 (t_{on}，t_{off}) がある

このような特性をもつパワーデバイスを用いるため，実際のパワエレ回路の動作が理想スイッチで説明される理論とは異なってしまうことが生じる．パワエレ回路の動作をいかに理想スイッチでの動作に近づけるか，という技術が必要となる．これがパワエレ技術のポイントの一つである．

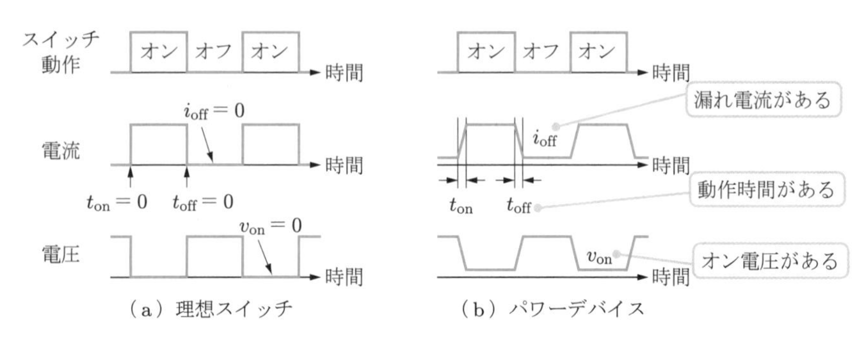

図 5.2　理想スイッチとパワーデバイスの動作

5.2　パワーデバイスとは

電流は固体中の自由電子の移動により流れることを第 1 章で述べた．物質によって電流の流れやすさ（抵抗率）が異なるのは自由電子と原子核の衝突しやすさが物質によって異なるためであると説明した．

絶縁体と導体の抵抗率に違いが生じる理由は，固体中の電子のエネルギバン

ド構造によっても説明されている．固体は原子がぎっしり詰まっているので，量子力学によると，内部の電子のとりうるエネルギがある幅をもつ．これをエネルギバンドという．価電子帯というエネルギバンドには電子が多数あり，電子は移動できない．伝導帯というエネルギバンドには電子がほとんどないが，伝導帯にある電子は自由に移動できる．価電子帯と伝導帯の二つのエネルギバンドの中間に電子が占めることのできないエネルギの範囲が生じる（**図 5.3**）．この範囲を禁制帯（バンドギャップ）という．

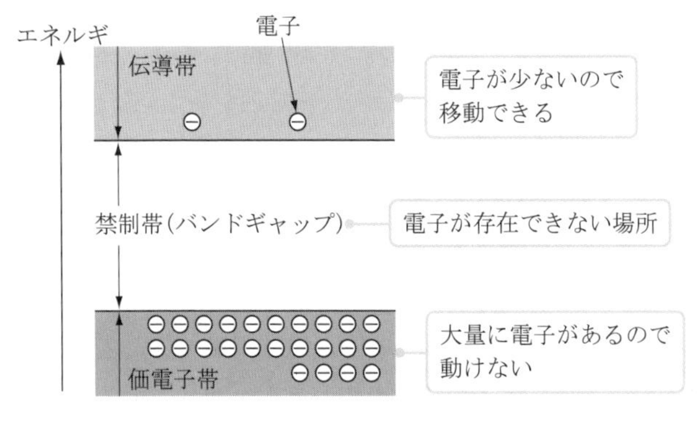

▷ **図 5.3**　バンドギャップ

抵抗率が異なるのはバンドギャップの幅が異なることと説明できる（**図 5.4**）．導体はバンドギャップがなく，電子は伝導帯を自由に動き回ることができる．絶縁体はバンドギャップが大きく，価電子帯の電子にエネルギを与えて，伝導

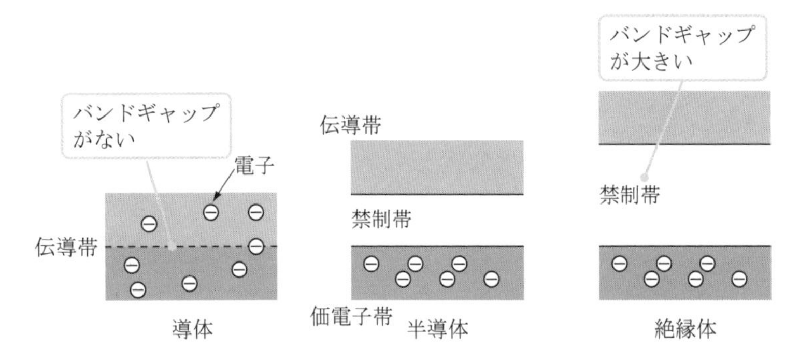

▷ **図 5.4**　バンドギャップの違い

帯に到達（励起という）させることができない．そのため，伝導帯に電子がなく，内部の電子は移動しない．

半導体は導体と絶縁体の中間の幅のバンドギャップがある物質である．熱を与えるとそれが電子の運動エネルギとなるので，価電子帯の電子の一部が伝導帯に移動（励起）する．すなわち，電子が移動できるので若干の伝導性がある．伝導帯にある電子が第1章で述べた自由電子である．半導体がオンオフできるのは，価電子帯の電子に与えるエネルギの大きさを調節することにより伝導帯の電子の数を調節しているからである．

シリコン，ゲルマニウムなどがそのような中間的なバンドギャップをもっており，半導体と呼ばれる物質である．しかし，純粋のシリコンなどは，ほとんど自由電子をもたないので抵抗率が大きい．このような半導体は真性半導体（intrinsic semiconductor：i型半導体）と呼ばれる．真性半導体に不純物を添加すると，内部の電子が過剰または不足するようになるので抵抗率が低くなる．これを**不純物半導体**と呼ぶ．**図5.5**に示すように真性半導体のシリコンSiにアンチモンSbを添加すると電子が過剰になり，ホウ素Bを添加すると電子が不足する．電子が不足している場合，電子の抜けた穴があるので，これをプラスの電荷をもつ**正孔**と呼ぶ．不純物半導体中の電子または正孔の移動が電流となる．プラスまたはマイナスの電荷を運ぶので，電子と正孔を合わせてキャリアと呼ぶ．電子が過剰な不純物半導体は電子がキャリアとなり，n型半導体と呼ばれる．一方，電子が不足している不純物半導体は正孔がキャリアとなり，p型半導体と

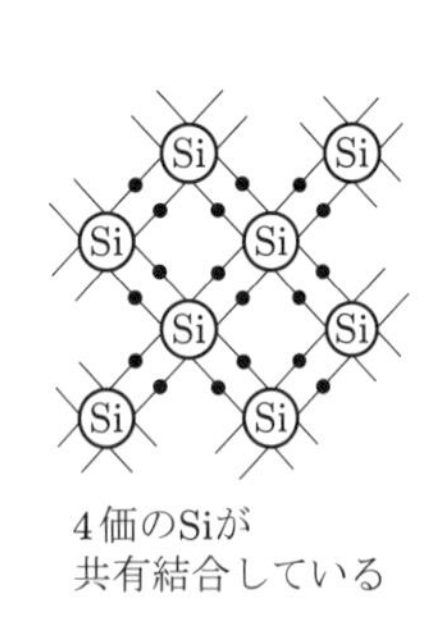

（a）真性半導体

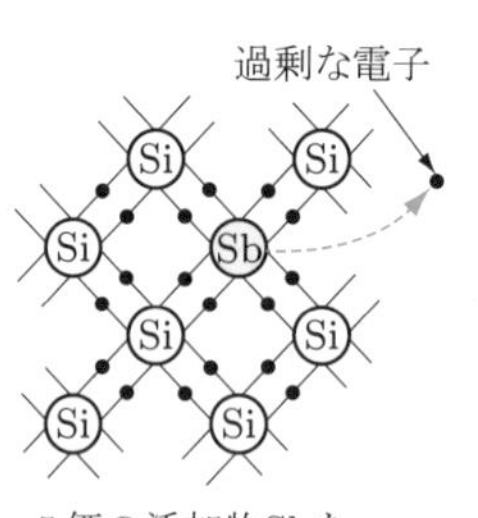

（b）n型半導体

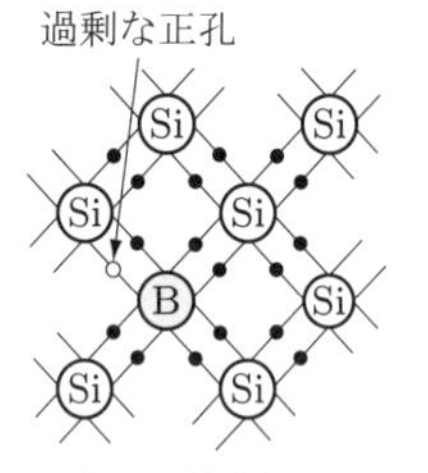

（c）p型半導体

図5.5　不純物半導体

呼ばれる．電子および正孔を増減させれば，それぞれ電気抵抗を変化させることができるのである．

p 型と n 型の半導体が接触した部分を pn 接合と呼ぶ（**図 5.6**）．pn 接合面では電子と正孔が互いに拡散し，プラスとマイナスが結合するのでいずれも消滅してしまう．そのため，接合面には空乏層と呼ばれる電子も正孔もない領域が出現する．空乏層は電気的に中性なので電流は流れない．

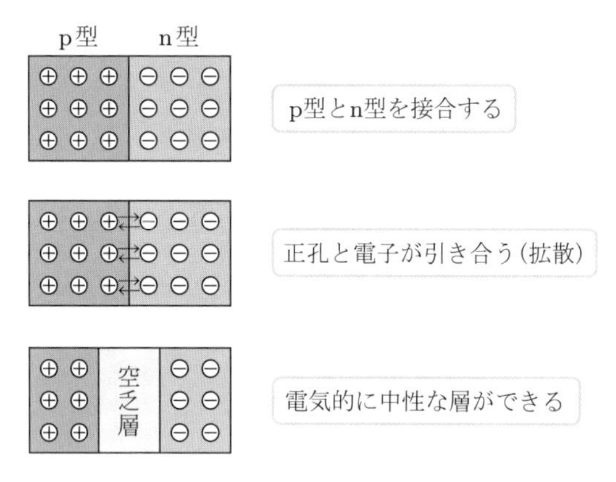

▷ **図 5.6**　pn 接合

図 5.7(a) のように，pn 接合に順方向（p 型にプラス）の電圧を印加すると，電子と正孔が外部から供給されるので電流が流れる．逆方向（p 型にマイナス）の電圧を印加すると，内部の正孔が外部からのマイナスに引き寄せられ，空乏層が広がる．このように，ある極性の電圧では電流が流れ，逆極性にすると電流が流れなくなる現象を整流作用という．整流作用を利用すればパワーデバイスがオンオフするのである．なお，図 (b) には整流作用のバンドギャップでの説明も示している．

整流作用を利用して電流をオフ（遮断）すると，遮断時には pn 接合に電圧がかかる．どの程度の電圧まで耐えられるかを表す絶縁耐力（絶縁破壊電圧）は材料によって決まってしまう．そのため，高電圧を扱うパワーデバイスにするためには単なる pn 接合構造ではなく，pin 構造というものが用いられる．pin 構造とは，**図 5.8**(a) のように p 型，n 型の不純物半導体の間に真性半導体の i

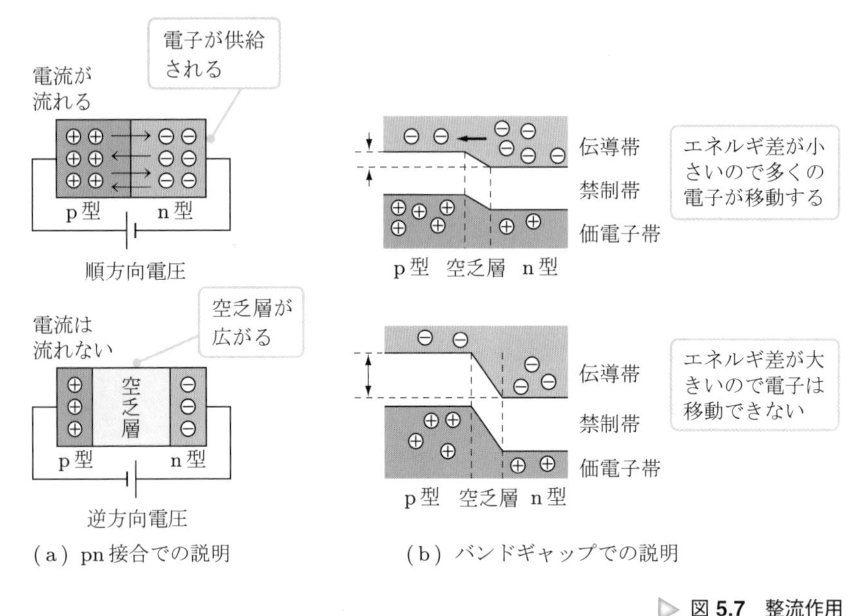

図 **5.7**　整流作用

p　i　n

図 **5.8**　pin 構造

層を挿入する構成である．これにより絶縁耐圧を高くすることができる．i 層は真性半導体と呼ばれるが，実際には不純物の濃度が低い不純物半導体である．不純物の濃度は一般に次のように表される．

不純物濃度が低い場合：n^-，p^-
不純物濃度が高い場合：n^{++}，p^{++}

実際のパワーデバイスの構造は多くの層により構成されるので，このような i 層が多数挿入されていることが多い．

pin 構造にするための i 層の存在がパワーデバイスの性能に大きく影響する．絶縁耐圧を高くするには i 層の厚さを厚くするか，または i 層の不純物の濃度を下げて真性半導体に近づける必要がある．しかし，このいずれもが i 層の抵抗値を大きくすることになるので，オン時の電圧降下（オン電圧）を高くすることになる．オン電圧が高いということは，オン時に電流が流れたときの電力損失（ジュール熱）が大きいということになる．したがって，絶縁耐力と電力損失のバランスは二律背反してしまう．これがパワーデバイスの開発で難しいところである．

5.3　各種のパワーデバイス

パワーデバイスには外部からオンオフを制御できる可制御デバイスと，オンオフが制御できない非可制御デバイスがある．非可制御デバイスとは外部から加わる電圧の極性によって導通，非導通が決まるデバイスである．ダイオードがこれにあたる．可制御デバイスとはオンからオフも，オフからオンも外部から

表 5.1　パワーデバイスの種類

種　類	回路記号	特　徴
ダイオード	A アノード K カソード	主極間に加わる電圧の極性によって，導通・非導通が決まる．
バイポーラトランジスタ	C コレクタ B ベース E エミッタ	ベース電流によりオンオフ制御可能なデバイス．パワートランジスタと呼ばれる．
パワーMOSFET	D ドレイン G ゲート S ソース	キャリアは正孔または電子のいずれか一方の，ユニポーラ型デバイス．少数キャリアの蓄積がないのでスイッチング速度が速い．電圧駆動で，駆動のための電力が少ない．
IGBT	C コレクタ G ゲート E エミッタ	バイポーラとMOSFETの複合デバイス．バイポーラよりオン電圧，駆動電力とも小さく，スイッチング時間が短い．
GTO	A アノード G ゲート K カソード	ゲート信号でオンもオフも制御できるサイリスタ．大容量に限定される．

制御できるデバイスである．**表 5.1** に各種のパワーデバイスと回路記号を示す．

5.3.1　ダイオード

ダイオード (diode) は p 型半導体と n 型半導体を接合したデバイスである．端子間に加わる外部の電圧の極性によりオンオフが決まる．ダイオードの基本構造と図記号を**図 5.9** に示す．ダイオードはアノード (anode) A にプラス，カソード (cathode) K にマイナスの電圧を加えると導通する．この方向の電圧を順方向電圧と呼ぶ．これに対し，アノードにマイナス，カソードにプラスを加えることを逆方向電圧と呼ぶ．逆方向電圧を加えるとダイオードは非導通状態となる．

ダイオードの電圧電流特性を**図 5.10** に示す．電圧が順方向の領域は電流が流れるオン状態である．ただし，わずかに電圧がある（オン電圧）．また，逆方向電圧の領域は電流を遮断するオフ状態であるが，わずかに電流が流れている．

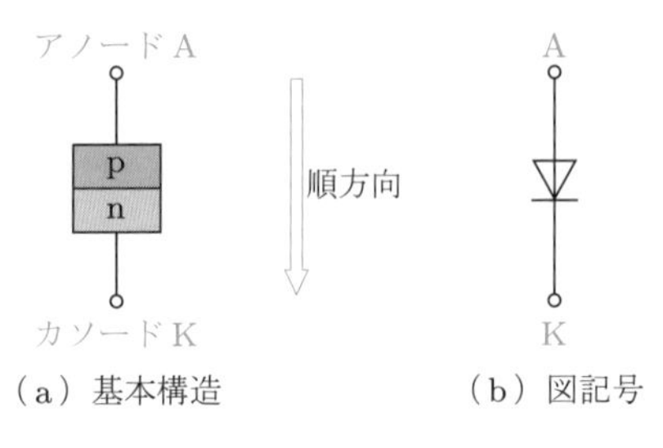

図 5.9　ダイオード

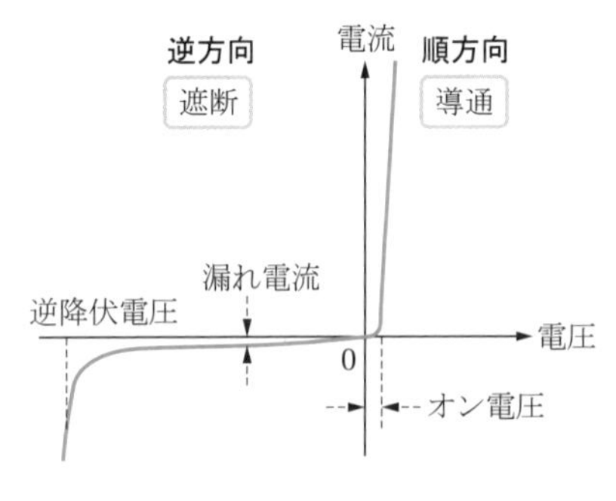

図 5.10　ダイオードの電圧電流特性

これを漏れ電流という．逆方向電圧が高くなると急激に電流が大きくなる．この電圧を逆降伏電圧といい，ダイオードの定格電圧はこの逆降伏電圧により決まってしまう．

5.3.2 バイポーラトランジスタ

バイポーラトランジスタ (bipolar transistor) は，信号電流を流すと，その信号電流を増幅するデバイスである．パワエレでは，信号電流をオンオフすることによりスイッチとして使用する．バイポーラ（二つの極という意味）トランジスタという名前は，キャリアとして電子と正孔の二つを使うことに由来している．

バイポーラトランジスタの基本構造と図記号を**図 5.11** に示す．ここでは npn 型トランジスタを示している．バイポーラトランジスタはベース (base) B，コレクタ (collector) C，エミッタ (emitter) E の 3 端子をもつ．ベース端子 B に電流を流すとコレクタ C，エミッタ E 間が導通する．バイポーラトランジスタの特性は**図 5.12** のように，コレクタ・エミッタ間電圧 V_{CE} とコレクタ電流 I_C の関係により表される．バイポーラトランジスタをスイッチとして使う場合，図に示す遮断領域と飽和領域を使ってオンとオフの領域として切り換える．ベース電流 I_B がゼロのときにはオフ状態であり，動作点は図の遮断領域にある．ベース電流を十分流すことによりオン状態となり，動作点は図の飽和領域に移動する．

オン状態の飽和領域でもコレクタ・エミッタ間には電圧がある．これがオン電圧 v_{on} である．

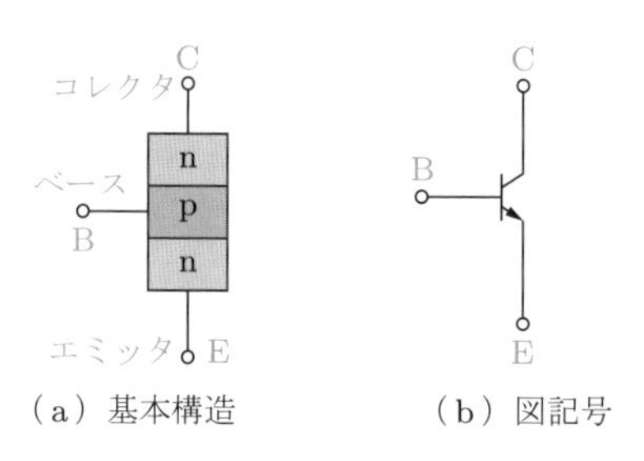

図 5.11 バイポーラトランジスタ

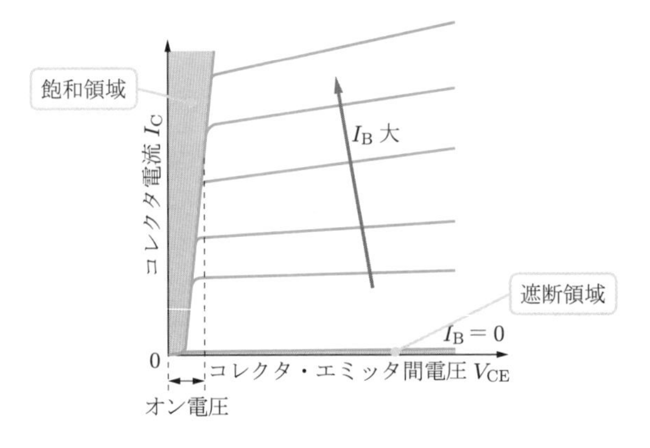

図 5.12　バイポーラトランジスタの特性

バイポーラトランジスタを使うにあたって注意すべきは，オフ時間 $t_{\rm off}$ が長いことである．これはバイポーラトランジスタが電子と正孔の二つのキャリアを使っていることによって生じてしまう．

5.3.3　パワー MOSFET

MOSFET は Metal Oxide Semiconductor Field Effect Transistor（金属酸化膜半導体電界効果トランジスタ）の頭文字をとったものである．このうち高電圧，大電流のものをパワー MOSFET とよぶ．

MOSFET の基本構造と図記号を**図 5.13** に示す．ゲート (gate) G，ドレイン (drain) D，ソース (source) S からなる 3 端子デバイスである．図に示したのは n チャネル MOSFET と呼ばれており，バイポーラトランジスタの npn 型に対応する．

MOSFET の特性を**図 5.14** に示す．ゲート・ソース間に電圧 $V_{\rm GS}$ を加えることによりオンオフできる．オン状態の動作点は線形領域と呼ばれ，ドレイン・ソース間電圧 $V_{\rm DS}$（オン電圧）はドレイン電流 $I_{\rm D}$ に比例する．すなわち，オン抵抗 $R_{\rm DS}$ は一定である．MOSFET は電流信号でなく電圧信号で駆動できるので，駆動に必要な電力が小さいという特徴がある．

しかし，MOSFET は絶縁耐圧を高くするとオン抵抗が大きくなってしまうという性質があり，デバイスを高耐圧にするとオン電圧が高くなってしまう．

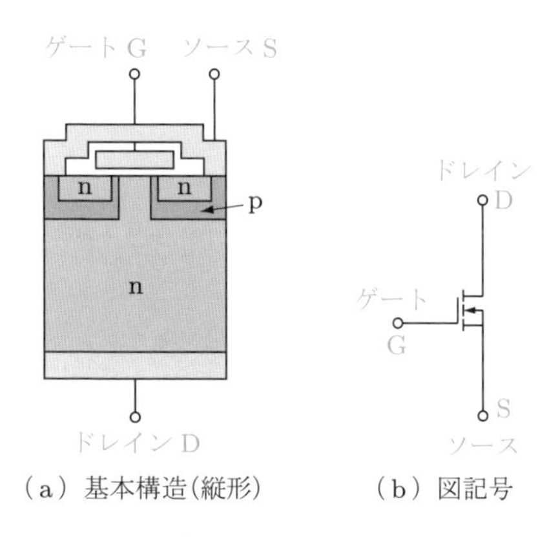

（a）基本構造（縦形）　（b）図記号

図 **5.13**　パワー MOSFET

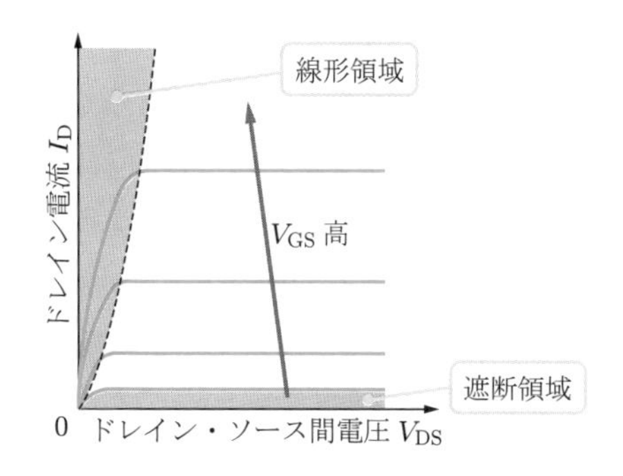

図 **5.14**　パワー MOSFET の電圧電流特性

したがって，パワー MOSFET は低電圧のパワエレで使われることが多い．

一方，パワー MOSFET は，バイポーラトランジスタよりスイッチング時間が短い．キャリアとして電子または正孔のいずれかしか使わないのでユニポーラ型と呼ばれ，バイポーラ型よりも高速動作が可能である．したがって，パワー MOSFET は比較的低電圧で高速スイッチングが必要なパワエレに使われることが多い．

5.3.4　IGBT

IGBT は Insulated Gate Bipolar Transistor（絶縁ゲート型バイポーラトランジスタ）の頭文字をとったものである．IGBT の基本構造と図記号を**図 5.15**

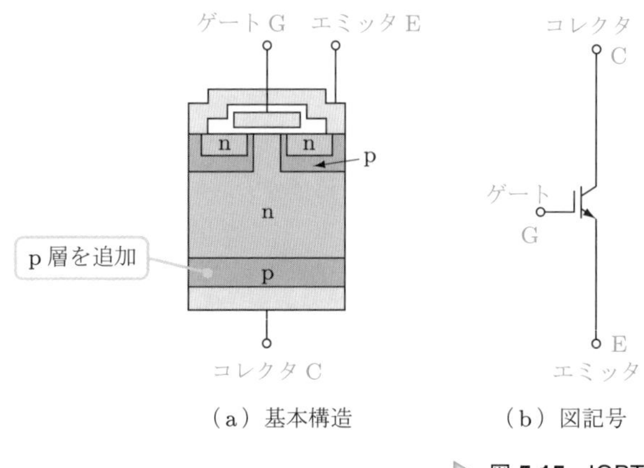

図 **5.15**　IGBT

に示す．ゲート G，コレクタ C，エミッタ E の 3 端子からなるデバイスである．IGBT の基本構造は MOSFET のドレインに p 層を追加したような構造である．MOSFET では，耐圧を高くするためには図 5.13 で示した n 層を厚くする必要がある．そのため n 層の抵抗が増加し，オン抵抗が大きくなってしまう．ところが，IGBT では，n 層とコレクタの間に p 層が追加されている．それにより，ここに pn 接合ができてダイオードが構成される．そのためオン時には n 層の抵抗が低下する（電導度変調という）．この効果により，オン電圧がバイポーラトランジスタ並みに小さくなる．

IGBT の動作を説明しよう．IGBT のゲートに電圧を印加すると MOSFET として動作し，それによりバイポーラトランジスタのように導通する．このような IGBT の動作を**図 5.16** に示す動作原理回路で説明する．IGBT は原理的には pnp 型のバイポーラトランジスタのベースに MOSFET が接続している回路と考えられる．

① IGBT のゲート・エミッタ間に電圧を印加する
② 前段の MOSFET のゲートに電圧が印加されるので，MOSFET が導通する
③ 導通するので pnp トランジスタのベースから MOSFET のソースへ電流が流れる

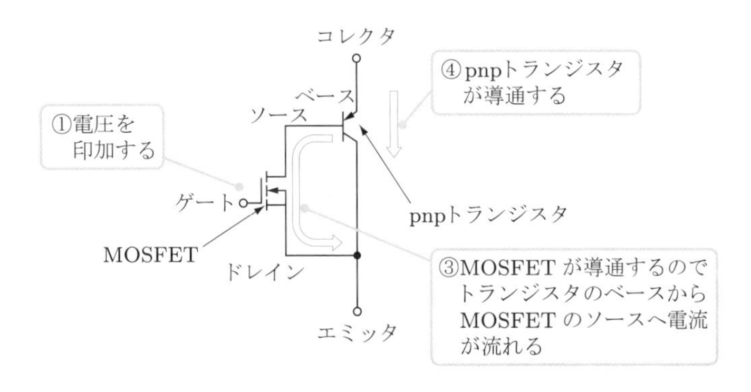

図 **5.16** IGBT の動作

④ マイナスの電流でオンする pnp トランジスタが導通する

IGBT はバイポーラトランジスタと MOSFET の中間の特性が実現できている．バイポーラトランジスタのオン電圧よりやや高く，パワー MOSFET よりスイッチング時間がやや遅い．この特性が用途によく適合するため，現在では多くのパワエレ回路のスイッチとして IGBT が使われている．

5.3.5 GTO, GCT

GTO (Gate Turn Off), GCT (Gate Commutated Turn off) はオンのみ可制御なサイリスタ[1]をベースに，オンオフ制御できるようにしたパワーデバイスである．パワエレの出現のきっかけはサイリスタの発明であった．パワエレ初期にはサイリスタが多く使われた．しかし，サイリスタはオンのみは外部から制御できるものの，オフさせるためにはダイオードと同じく，外部回路から逆方向の電圧をかける必要がある．そのため，オンオフとも制御できるパワーデバイスの出現により，あまり使われなくなった．

GTO サイリスタの図記号を**図 5.17** に示す．GTO サイリスタはゲートに逆方向の電流を流すことでオフできるようにしたサイリスタである．しかし，GTO はオン，オフとも動作時間が比較的長いため高速のオンオフには適さない．また，オフ時のゲート電流が主電流（アノード → カソード間電流）の 20 %程度

1 サイリスタは 9.1 節で説明する．

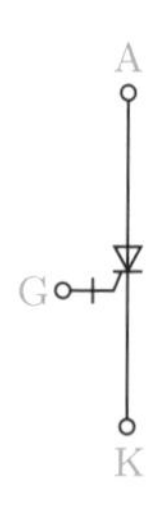

図 5.17　GTO の図記号

を要するので，大容量のゲート回路が必要である．

近年は GCT が開発された．GCT は GTO のオフ特性を改良し，さらに高速動作できるようにしたものである．現在のところ，GCT，GTO は IGBT でカバーできないような高電圧，大電流の用途でのみ使われている．

5.3.6　パワーデバイスの使い分け

スイッチとしてどのパワーデバイスを使うかは，用途から決まる．一般に，パワーデバイスでは容量とスイッチング速度を考える．たとえば，100 kHz 級の高速スイッチングが必要な場合，MOSFET が使われる（**図 5.18**）．しかし，MOSFET は 50 V 級の低電圧であれば損失が少ないデバイスであるが，高電圧

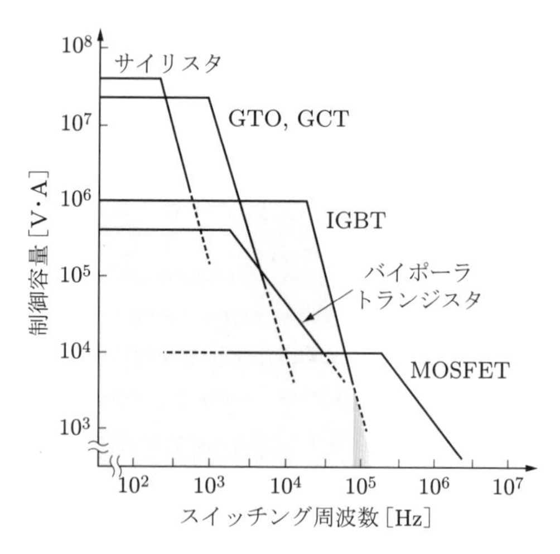

図 5.18　パワーデバイスの使い分け

には向いていない．また，数 1000 V，数 1000 A の高電圧，大電流や 10000 V·A を超すような大容量では GTO または GCT が使われる．しかし，現在のところは，大部分のパワエレでは IGBT が使われると考えてよい．なお，バイポーラトランジスタは IGBT に置き換えられ，現在はあまり使われていない．

5.4 パワーモジュール

パワーデバイスは，半導体チップを複数組み合わせたパワーモジュールとして使われることが多い．パワーモジュールの構造を**図 5.19** に示す．半導体チップは，絶縁基板上の金属の配線パターンにはんだ付けされている．さらに，絶縁基板は銅などの金属のベースの上にはんだ付けされている．金属ベースの裏側はモジュール外部に露出している．チップを外部配線と接続するために，モジュール内部ではアルミワイヤが接続されている．アルミワイヤは，半導体チップに超音波溶接されている．これをワイヤボンディングという．チップの周囲は，チップやアルミワイヤの保護のため，シリコンゲルが充填されている．パワーモジュールでは，外部との電気的接続は上面で行い，放熱は下面から行う．

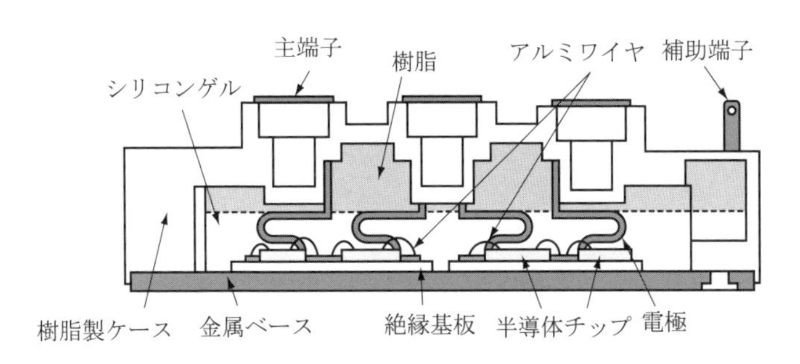

図 5.19 パワーモジュールの構造

パワーモジュールは，搭載されたチップの名前を用いて，IGBT モジュール，ダイオードモジュール，FET モジュールなどとよばれる．単一素子のモジュールもあるが，モジュール内に 2 個，6 個の素子を組み込んで，内部で配線しているものもある．モジュールの例を**図 5.20** に示す．また，小容量のモジュールでは，半導体チップをそのまま樹脂モールドしたモールドタイプも市販されて

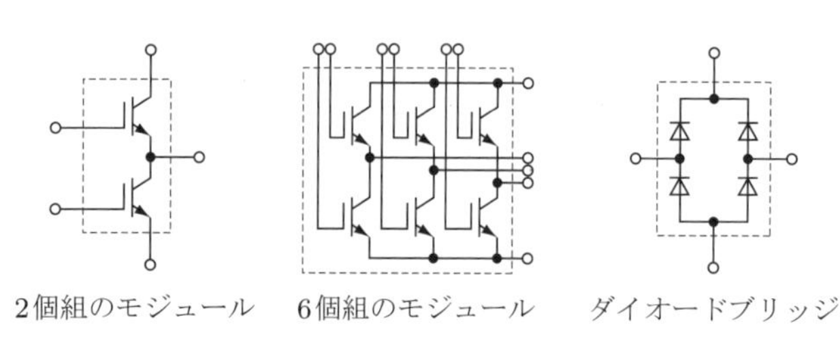

図 5.20　モジュールの例

いる．モールドタイプにすることによりモジュールを小型軽量化できる．

近年，IPM (Intelligent Power Module) が市販されている．これは，モジュール内部に，パワーデバイスのほかに駆動回路，保護回路などを内蔵したものである．外部から駆動信号を供給すれば動作する．保護回路の機能も内蔵しているので，過熱，短絡などからの保護が可能である．IPM を使うと，駆動回路などのパワーデバイス特有の周辺回路の経験やノウハウがなくても，容易にパワエレ回路を設計することができる．

5.5　パワーデバイスの損失と冷却

5.5.1　パワーデバイスの損失

スイッチとしてパワーデバイスを使うと，理想スイッチでないことにより，損失を生じる．損失とはスイッチが動作することにより発熱して消費する電力である．**図 5.21** にスイッチングにより生じる損失を示す．パワーデバイスで発生する主な損失には，**オン損失** P_{on} と**スイッチング損失** P_{sw} がある．

オン損失はスイッチがオン（導通）している期間に発生するジュール熱である．パワーデバイスは理想スイッチではないので，オン時にも必ず抵抗がある．この抵抗分により電圧降下（オン電圧 V_{on}）が生じる．オン損失 P_{on} は次のように表される．

$$P_{\mathrm{on}} = V_{\mathrm{on}} \cdot I_{\mathrm{on}} \cdot t_{\mathrm{on}} \cdot f_{\mathrm{s}}\ [\mathrm{W}]$$

ただし，I_{on} はオン電流，t_{on} はオン時間，f_{s} はスイッチング周波数である．

オン損失はオン時の電流 I_{on} とオン電圧 V_{on} の積で表される．オン損失はオ

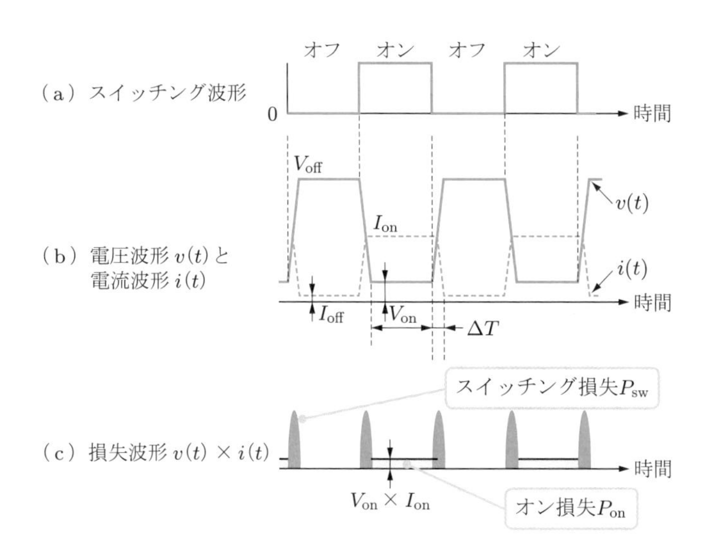

図 5.21　パワーデバイスに発生する損失

ン時間の期間のみ発生する．すなわち，デューティファクタに比例する．同様にオフ時の漏れ電流 I_{off} による損失も考えられるが，通常 I_{off} は無視できるほど小さい．

スイッチがオフからオン，またはオンからオフに切り替わるにはスイッチング時間が必要である．スイッチング時間の期間にはスイッチング損失が発生する．いま，オン時間とオフ時間が等しいとして ΔT とする．図 5.21(c) に示しているスイッチング損失 P_{sw} は次のように近似される．

$$P_{\mathrm{sw}} = \frac{1}{6} V_{\mathrm{off}} \cdot I_{\mathrm{on}} \cdot \Delta T \cdot 2 f_{\mathrm{s}} \,[\mathrm{W}]$$

ただし，V_{off} はオフ期間の電圧，$\Delta T \cdot 2 f_{\mathrm{s}}$ はスイッチング回数（オンとオフで 2 回発生する）である．

ΔT は通常，非常に短い時間なので 1 回のスイッチングで発生するスイッチング損失は小さい．しかしスイッチング周波数 f_{s} が高くなるとスイッチングの回数が増えるので無視できない値となる．

5.5.2　パワーデバイスの冷却

パワーデバイスを冷却する目的は，温度上昇による素子の破壊や劣化を防ぐことである．現在使われているシリコンの半導体デバイスは，pn 接合の温度を 150 ℃以下にする必要がある．半導体は，上限温度を超えると破損してしまう．つまり，上限温度は一瞬でも超えてはいけない温度である．

冷却とは，他の物質に伝熱することにより，そのものの熱をうばって温度を低下させることである．このとき，熱の移動に用いる媒体を冷媒という．冷媒が空気の場合を空冷とよび，水の場合は水冷，油の場合は油冷という．熱により発生する対流（自然対流）を利用する場合と，強制的に冷媒を循環させる場合がある．冷却による熱の移動は，放熱面の面積と冷媒の流量に関係する．空冷の場合，風量および風速が冷却量を決定する．

通常，**図 5.22** に示すように熱の流路の**熱抵抗** (℃/W) により冷却を考える．熱抵抗を小さくするには，放熱面の面積が大きいフィン構造が必要であり，風や液体の流れやすい流路構造が必要である．

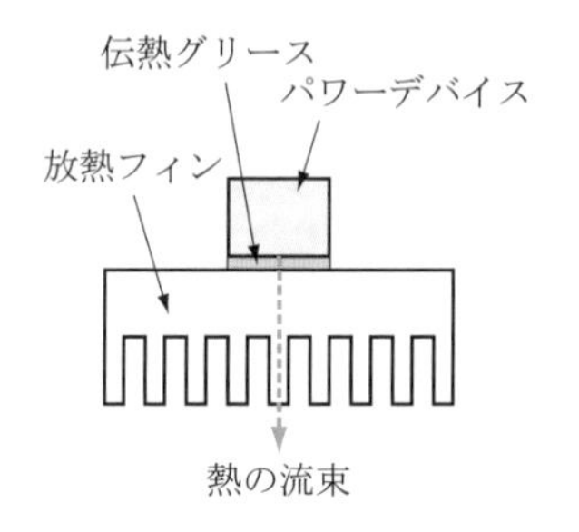

図 5.22　パワーデバイスの冷却

空気でなく，液体を冷媒にした場合，絶縁の効果も得られることがある．冷媒によっては空気よりも絶縁耐力が高いものがあるので，直接充電部に接触させて冷却と絶縁の両方の効果をねらうことができる．一般に熱容量の大きな物質は冷却能力が高い．したがって，油は冷媒として適しており，さらに絶縁耐力も高い．このほか，絶縁と冷却の両方の効果が得られるものの例としては，純水（イオンなどの不純物を含まないので絶縁体である）がある．また，フッ素化合物系の冷媒も絶縁および冷却を兼ねることができるが，この種のガスは地球温暖化係数が高いことが多く，使用には注意を要する．

パワーデバイスを冷却することは，パワエレを実用するにあたって，大変重要な設計要素であることを覚えておいてほしい．

COLUMN デバイスの進歩とパワエレ技術

パワエレの技術は時代とともに変貌してきました．パワエレは，その時代のパワーデバイスやエレクトロニクス技術を限界まで使って装置の性能を上げる技術として発展してきました．パワエレの注力する技術は次のように変遷してきたといえます．

- サイリスタの発明（1957 年）：パワエレの創成期は，サイリスタを使いこなす技術に注力しました．サイリスタは制御によりオフできないので，サイリスタをいかにオフ（転流）させ，しかも確実にオフする（転流失敗の防止）という技術に注力されました．

- パワートランジスタの出現：外部からの信号によって 1 kHz 程度で高速にオンオフできるバイポーラパワートランジスタが実用化され，出力波形をいかに正弦波に近づけるかなどの PWM 制御（第 7 章参照）の技術に注力しました．

- マイコンの高性能化：初期のマイコンの処理能力でも計算できる制御の方法がいろいろ開拓されました．マイコンの性能向上に伴って，さまざまな制御方法が展開されてゆきました．

- デバイスの容量の限界：パワーデバイスの扱える電圧・電流には限界があります．そのため，パワエレ回路を直列や並列にして，パワーデバイスの定格を超えるような高電圧や大電流が扱える回路技術が発展しました．

- 家電民生への拡大：それまでは産業用に多く使われていたインバータが，インバータエアコンを皮切りに家電製品にも使われるようになりました．家電のパワエレは無保守で低価格でなくてはなりません．また，小型化，低価格化のために，あらゆる点で従来の技術が見直されました．

- IGBT の出現：IGBT の実用化により 10 kHz 程度の高速のスイッチング

が可能になりました．高速スイッチングが実現すると，それまで工夫して実現していたことが，何の苦労もなくできるようになりました．同時に，10 kHz という高速スイッチングによる新たな課題も出現してきました．この頃は高速スイッチングに伴う技術に注力されました．

- コンピュータの高性能化：21 世紀が近づくと，制御用コンピュータが飛躍的に発達しました．それまでマイコンの制約で苦労してプログラミングしていたアルゴリズムが，ほとんど問題なくリアルタイムで処理できるようになってきました．

- 電気自動車（EV），ハイブリッド車（HEV）への展開：21 世紀になると，自動車にパワエレが広く使われるようになりました．それまでパワエレが活躍してきた産業機械や家電とはまた異なる使い方がされるので，自動車用パワエレという新たな技術への変貌が始まりました．

このように，パワエレは時代ごとに技術の目指すところが変化してきました．今後，どのように展開してゆくかは，まだわかりません．しかし，理想スイッチでないパワーデバイスを使いこなす，というパワエレの基本は変わらないものと思っています．

直流－直流変換

本章では直流の電圧または電流を変更する直流－直流変換について述べる．まず，基本回路である降圧チョッパと昇圧チョッパの二つの回路について説明する．パワエレ回路はこのいずれかを基本とした回路が多い．このほか，各種の直流－直流変換回路について述べる．

6.1 降圧チョッパ

降圧チョッパの回路を**図 6.1** に示す．この回路は図 4.9 とまったく同一の回路である．降圧チョッパは入力した直流電圧を低い電圧に変換して出力する回路である．

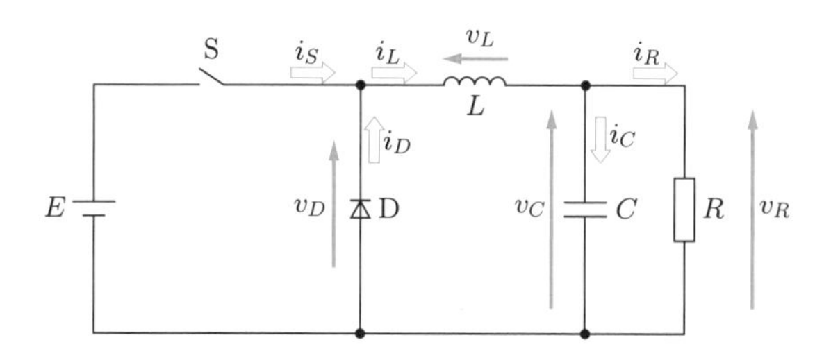

図 6.1　降圧チョッパ

ここでは降圧チョッパの動作について説明する．まず，ダイオードの電圧 v_D の波形を**図 6.2**(a) に示す．ダイオード電圧 v_D はオンオフに応じて 0 と E に変化している．ダイオード電圧の波形は，図 (b) に示すように，一定値の直流成分と時間的に変動する交流成分の合成であると考える．このとき，直流成分を V_R とし，交流成分を v_L とする．すなわちダイオード電圧 v_D の波形は次のように表すことができる．

$$v_D = V_R + v_L$$

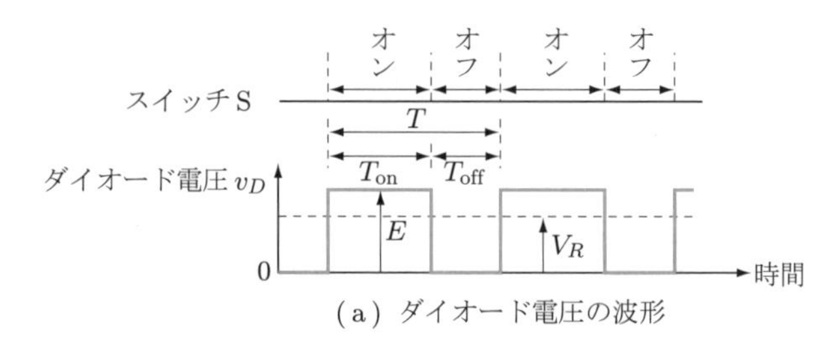

（a）ダイオード電圧の波形

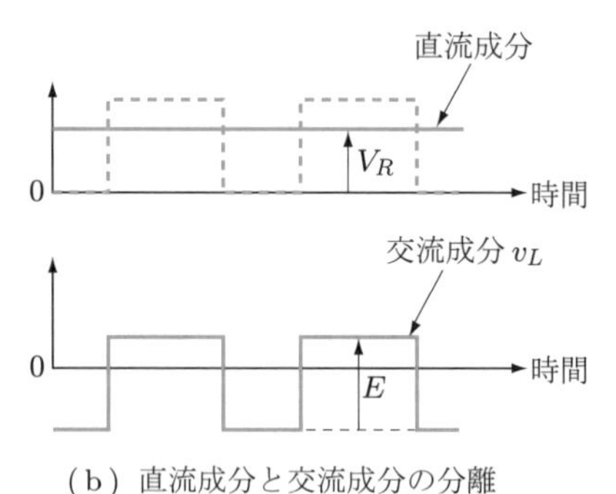

（b）直流成分と交流成分の分離

▷ **図 6.2　降圧チョッパの出力電圧の波形**

交流は一周期を平均するとゼロになる．したがって，v_D の平均値を考える場合，直流成分のみと考えることができる．直流成分が出力電圧の平均値 V_R に相当する．

コイル L の両端の電圧 v_L は時間的に変動し，**図 6.3** のように変化する．オン期間，オフ期間の v_L は，それぞれ次のように平均値により表すことができる．

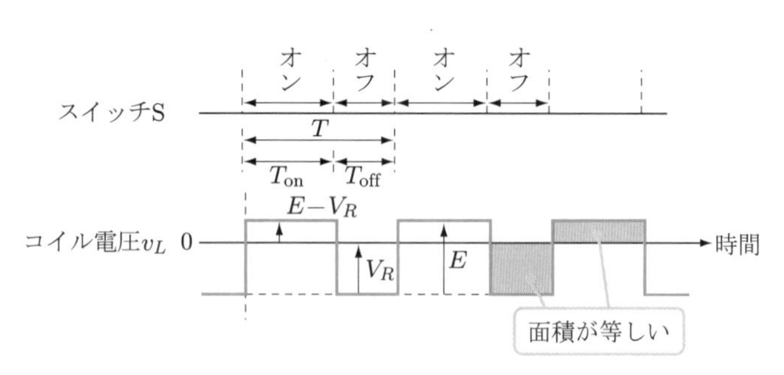

▷ **図 6.3　コイルの電圧波形**

オン期間　$v_L = E - V_R$

オフ期間　$v_L = -V_R$

コイルの蓄積するエネルギと放出するエネルギは等しいという性質がある．このことから，オン時の波形とオフ時の波形の面積が等しいと考えることができる．すなわち，次のような関係がある．

$$(E - V_R) \cdot T_{\mathrm{on}} = V_R \cdot T_{\mathrm{off}}$$

この関係を使うと，降圧チョッパの出力する平均電圧 V_R を次のように表すことができる．

$$V_R = \frac{T_{\mathrm{on}}}{T_{\mathrm{on}} + T_{\mathrm{off}}} E = dE$$

これにより，出力電圧がデューティファクタに比例することが説明できた．なお，デューティファクタは，$0 < d < 1$ である．

降圧チョッパの各部の電流波形を**図 6.4** に示す．コイルに流れる電流 i_L はオンオフに応じてスイッチへ流れる電流 i_S とダイオードへ流れる電流 i_D に切り替わることがわかる．この図から，電圧とコイル電流 i_L の関係を求める．

(1)　オン期間：$E - V_R = L\dfrac{di_L}{dt}$

この期間，コイルに流れる電流はコイルのインダクタンスの値に対応した傾

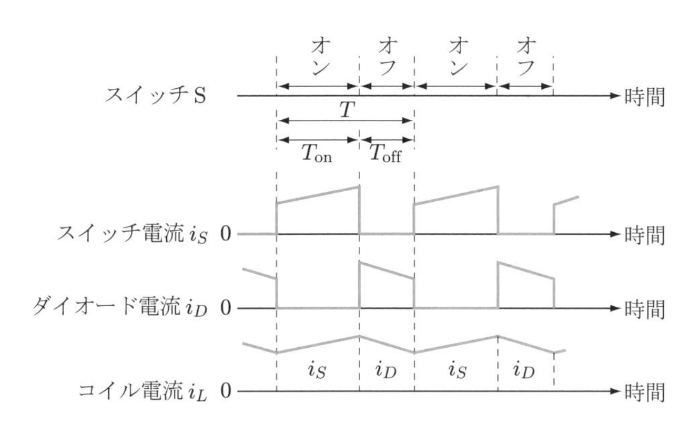

図 6.4　各部の電流波形

きで増加している．毎秒あたりの電流の増加率は di_L/dt で表され，インダクタンス L と反比例の関係にあるので L が大きければゆっくり変化する．なお，この期間のコイル電流 i_L はスイッチ電流 i_S と等しい．

(2)　オフ期間：$V_R = -L\dfrac{di_L}{dt}$

オン期間と同様に，コイルに流れる電流はコイルのインダクタンスの値に対応した傾きをもつ．ただし，コイル電流は減少してゆくのでマイナスがついている．この期間のコイル電流 i_L はダイオード電流 i_D と等しい．

降圧チョッパは，第 4 章で述べたように，コンデンサを追加することによってさらにリプルを少なくできる．コンデンサ容量が十分大きければ，出力電圧はほぼ直流になると考えてよい．このように，降圧チョッパは直流電圧を低電圧の直流に変換する回路として使われる．

6.2　昇圧チョッパ

昇圧チョッパはパワエレのもう一つの基本回路である．昇圧チョッパは直流電圧をより高い直流電圧に変換する回路である．

昇圧チョッパの回路を**図 6.5** に示す．昇圧チョッパは次のように動作する．

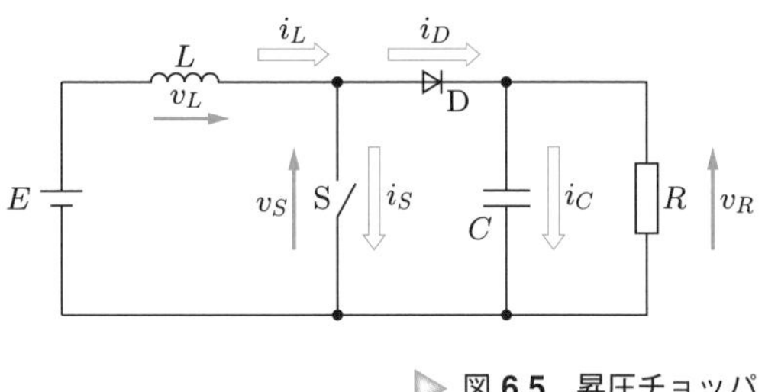

▷ **図 6.5**　昇圧チョッパ

(1)　スイッチ S がオンの期間（図 6.6）

スイッチ S がオンすると，スイッチ電流 i_S の経路は次のようになる．

電源のプラス極 → コイル（L） → スイッチ（S） → 電源のマイナス極

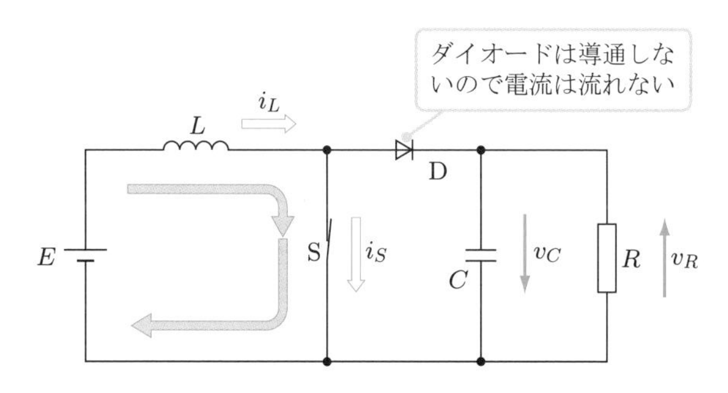

図 **6.6**　昇圧チョッパのオン期間の電流の経路

この期間はコイル L に電流が流れるので，コイルにエネルギが蓄積される．また，ダイオード D は導通しないのでダイオード電流 i_D は流れない．コイルを流れる電流 i_L がそのままスイッチを流れる．つまり，$i_S = i_L$ である．i_S はコイルのインダクタンスに応じた傾きで時間とともに増加する．

(2)　スイッチ S がオフの期間（図 6.7）

スイッチ S をオフするとコイルに蓄えられたエネルギが放出され，次の経路で電流が流れる．

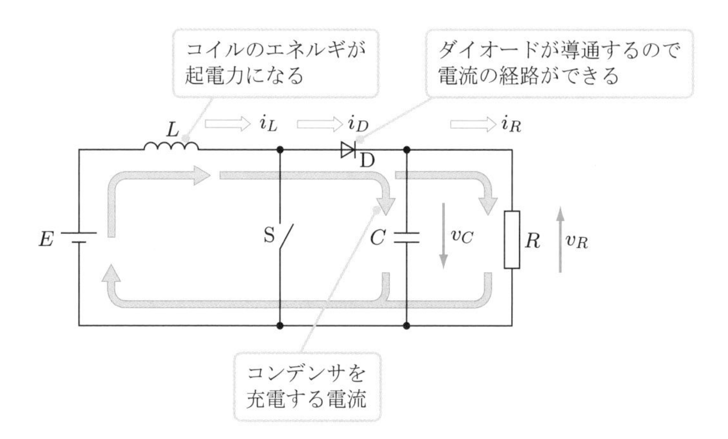

図 **6.7**　昇圧チョッパのオフ期間の電流の経路

コイル (L) → ダイオード (D) → 抵抗 (R) ／ コンデンサ (C) → 電源のマイナス極

このとき流れる電流 i_L は抵抗 R に流れるとともに，コンデンサ C にも分流して流れるのでコンデンサが充電される．

昇圧チョッパの各部の電圧電流波形を説明してゆく．まず，コイル電圧 v_L の波形について説明する．コイル電圧 v_L の変化を**図 6.8** に示す．スイッチのオン期間はコイルだけに電流が流れているので，コイル電圧 v_L の大きさは電源電圧 E と等しいが，逆極性である（コイル電圧 v_L の方向に注意すること）．

$$v_L = -E = -L\frac{di_L}{dt}$$

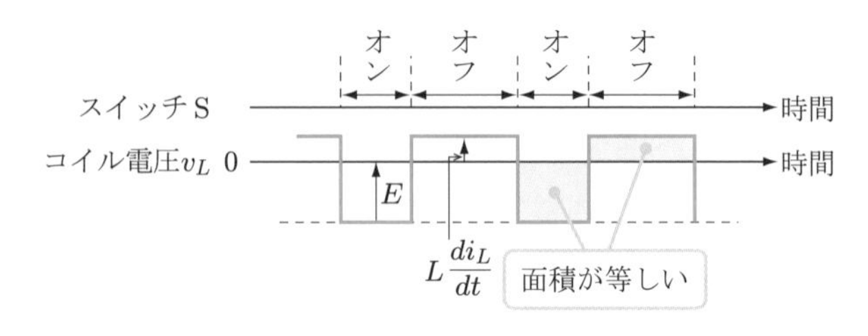

図 6.8　コイル電圧の変化

スイッチ S のオフ期間は，スイッチ電流 i_S はゼロになるが，コイルに蓄積されたエネルギにより，コイル電流 i_L はゼロとなることはできず，流れ続けなくてはならない．このとき，電流が流れるということは，コイルに起電力が生じるということである．起電力によりダイオード D が導通する．その結果，コイルのエネルギはダイオードに電流を流すことにより放出される．スイッチがオフ期間のコイル電圧 v_L は次のように表される．

$$v_L = E + L\frac{di_L}{dt}$$

この式は，コイルが放出するエネルギによりコイルに起電力 di_L/dt が生じるので，電源電圧 E より Ldi_L/dt だけ高い電圧を得ることができることを示している．これがコイルによる昇圧作用である．このとき，コンデンサ C は E より Ldi_L/dt だけ高い電圧に充電される．

次に，スイッチの両端の電圧 v_S の変化を説明する．**図 6.9** に示すように，オフ期間にはスイッチ電圧 v_S は電源電圧 E より Ldi_L/dt だけ高い電圧となる．

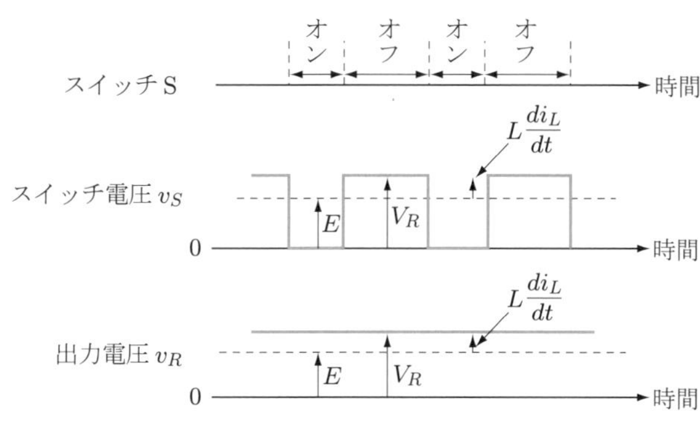

図 6.9　スイッチ電圧の変化

コンデンサ C の容量が十分に大きいとすれば，抵抗 R の両端に現れる出力電圧 v_R はリプルがごく小さくなるので，ほぼ一定値となる．

$$v_R = E + L\frac{di_L}{dt} \simeq V_R$$

このように，昇圧チョッパにより，電源の直流電圧より高い直流電圧に変換することができる

各部の電流の変化を**図 6.10** に示す．オン期間には電流はコイルだけに流れる．したがって，

$$i_S = i_L$$

である．スイッチ電流 i_S はコイルのインダクタンス L の値に対応した傾きで増加する．

$$E = L\frac{di_S}{dt}$$

つまり，スイッチ電流の変化率 di_S/dt はインダクタンス L と反比例の関係にあるので，L が大きければゆっくり変化する．

スイッチがオフするとコイルに蓄積されたエネルギが起電力となるので，ダ

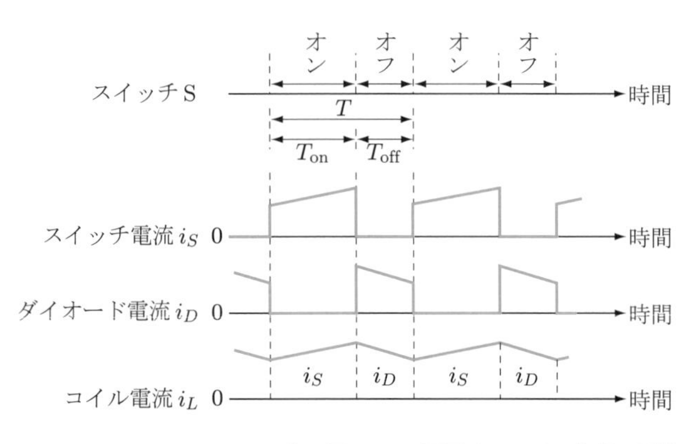

▷ **図 6.10　昇圧チョッパの各部の電流**

イオードが導通し，電流 i_D が流れ始める．

$$i_D = i_L$$

ダイオード電流 i_D はコイルに蓄積されたエネルギの減少により徐々に低下してゆく．また，オフ期間にはコンデンサの充電も行うので，電流の関係は次のようになる．

$$i_D = i_C + i_R$$

ダイオード電流の変化率はコンデンサ C と負荷抵抗 R の大きさによって決まる．

いま，昇圧チョッパが何回もオンオフを繰り返していると考える．スイッチSがオンの期間にはコンデンサ C に前回のオフ期間に蓄積されたエネルギが残っている．したがって，オン期間には i_D は流れていないが，コンデンサ C には電圧があるので，コンデンサが電源となり，抵抗 R に電流を供給できることになる．したがって，抵抗を流れる電流 i_R は次のようになる．

$$i_R = i_C$$

つまり，オン期間には**図 6.11** のように二つの電流ループができることになる．

降圧チョッパのときと同様に，コイルに蓄積されるエネルギと放出するエネルギは等しいことから，コイルの両端の電圧 v_L のオン時の波形とオフ時の波形の面積は等しい．すなわち，次のような関係がある．

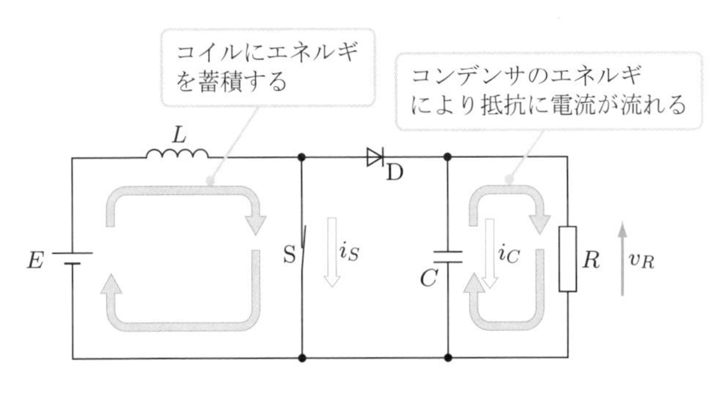

図 **6.11**　オン期間に流れる電流

$$E \cdot T_{\mathrm{on}} = (V_R - E) \cdot T_{\mathrm{off}}$$

この関係を使うと，昇圧チョッパの出力する平均電圧 V_R を次のように表すことができる．

$$V_R = \frac{T_{\mathrm{on}} + T_{\mathrm{off}}}{T_{\mathrm{off}}} E = \frac{1}{1 - T_{\mathrm{off}}/T} E = \frac{1}{1-d} E$$

昇圧チョッパの出力電圧はデューティファクタの増加により高くなってゆく．昇圧チョッパにより，直流電圧を昇圧して変換することができるのである．

昇圧チョッパは降圧チョッパと同様に基本回路である．さまざまなパワエレ回路を細かく分析してゆくと，いずれかの回路になっていることが多い．

6.3　Hブリッジ

降圧チョッパ，昇圧チョッパとも出力する直流電圧は変更できるが，入力電圧と同じ極性の直流しか出力できない．ここで説明するHブリッジ回路を用いると，出力する直流のプラスマイナスの極性を切り替えることができる．たとえば，直流モータの回転方向を切り替えるような場合に用いることができる．

Hブリッジ回路の原理を**図 6.12** に示す．S_1，S_4 をオンして，S_2，S_3 をオフすると抵抗 R の左側が電源のプラスに接続される．逆に，S_1，S_4 をオフして，S_2，S_3 をオンすると抵抗 R の左側は電源のマイナスに接続される．Hブリッジ回路を用いると，負荷の電圧を正または負に切り換えることができる．

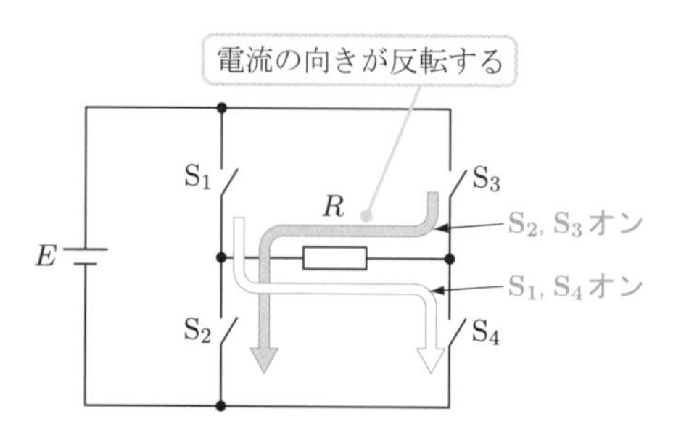

図 6.12　H ブリッジ回路の原理

H ブリッジ回路を利用して電圧制御が可能である．ここでは H ブリッジによる降圧チョッパの動作を説明する．降圧チョッパにするためには，コイル L とダイオード D を追加する必要がある．**図 6.13** に示すように，コイル L は抵抗 R に直列に接続する．ダイオード D_1～D_4 は，S_1～S_4 のスイッチに逆並列に接続する．逆並列とは，スイッチと逆方向に流れる方向に接続することである．

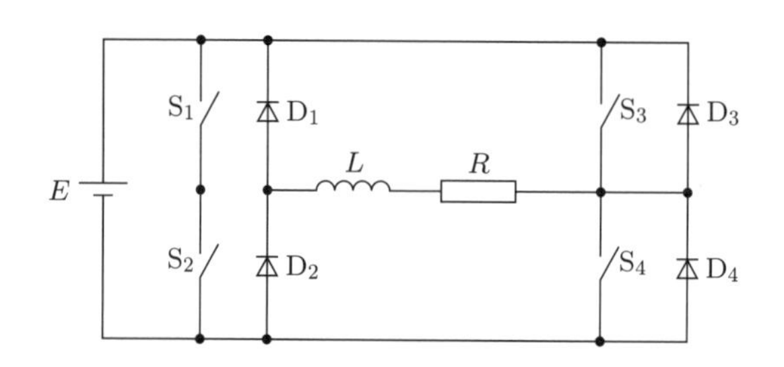

図 6.13　H ブリッジを使ったチョッパ

抵抗 R に左から右に電流を流すとき，**図 6.14**(a) に示すように S_1 をスイッチングする．S_4 は常時オンである．S_2，S_3 はオフしている．D_2 は S_1 のオフ期間にコイルのエネルギによる電流の経路となる．逆向きに電流を流すには，図 (b) のように S_3 をスイッチングし，S_2 を常時オンさせる．このとき S_1，S_4 はオフしている．D_4 は S_3 がオフ期間の電流の経路となる．このときのスイッチングのデューティファクタにより出力電圧が調節可能で，しかも両極性の電圧が出力できるようになる．同じように S_2 と S_4 をスイッチングすることもできる．

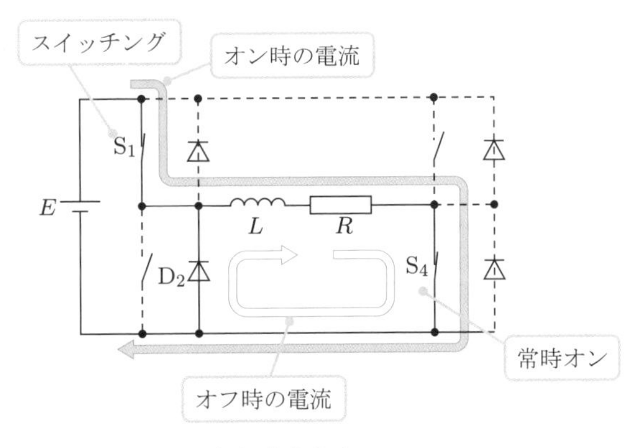

(a) 左から右

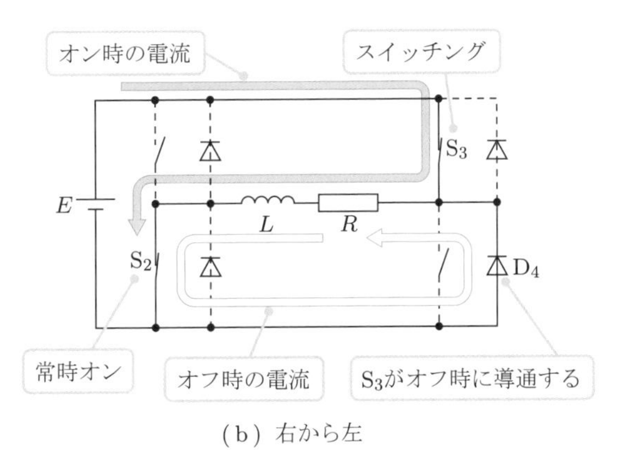

(b) 右から左

図 **6.14** H ブリッジのチョッパ動作

6.4 絶縁型コンバータ（DCDC コンバータ）

ここまで述べた降圧チョッパ，昇圧チョッパの回路では電源と負荷のマイナス側は接続されて，共通回路であった．そのため，チョッパは非絶縁型の DCDC コンバータと呼ばれる．本節では絶縁型の DCDC コンバータについて述べる．一般には DCDC コンバータという名称は絶縁型コンバータを指す場合が多い．

絶縁型コンバータではコイルの代わりに変圧器[1] を使う（**図 6.15**）．変圧器

1　変圧器については第 8 章のコラム参照．

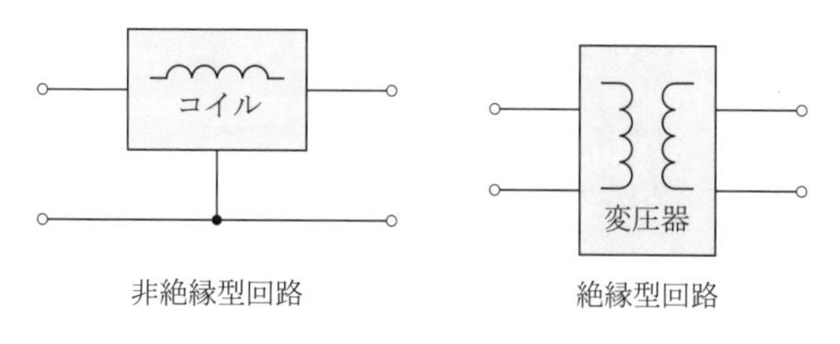

図 6.15　絶縁型と非絶縁型コンバータ回路

は複数のコイルで構成されているため，変圧器のコイルのインダクタンスを利用する．さらに，変圧器により電源と負荷をつなぐので，電源と負荷が電気的に接続されずに絶縁される．絶縁型コンバータは定電圧を供給する直流電源に使われることが多いので，スイッチングレギュレータ[2]と呼ばれることがある．

絶縁型コンバータの代表的回路にはフォワードコンバータとフライバックコンバータがある．以下に，それぞれを説明してゆく．

6.4.1　フォワードコンバータ

フォワードコンバータは降圧チョッパのコイルを変圧器に代えたようなイメージの回路である．**図 6.16** 中の変圧器のコイルに「•」印があることに注意してほしい（図中の「•」はコイルの巻き始めを示している．p.104，Note「変圧器の極性」参照）．フォワードコンバータは同じ側が同じ電圧の極性（同極性）になるような巻き方の変圧器を用いる．

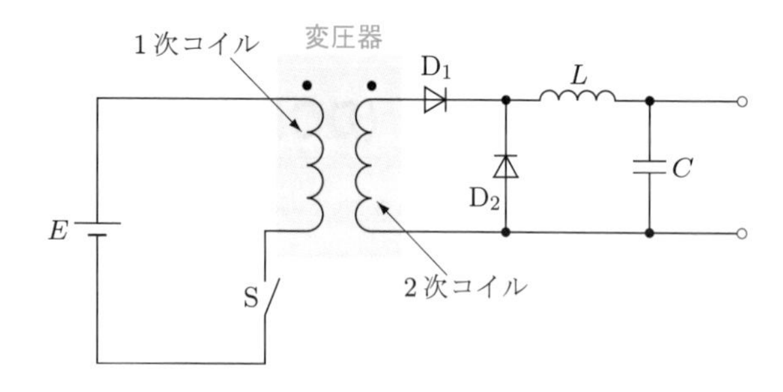

図 6.16　フォワードコンバータ

2　レギュレータは「一定にする」という意味．

スイッチSがオンすると，変圧器の1次コイル[3]のインダクタンスにより1次電流i_1がゆっくり立ち上がる（**図6.17**）．変圧器の入力側の1次コイルを流れる電流が変化しているので変圧器の作用（相互誘導）が生じ，出力側の2次側端子には同極性の電圧が誘導される．2次側端子に誘導される起電力によりダイオードD_1が導通し，2次コイルにも同一の波形の2次電流i_Tが流れる．

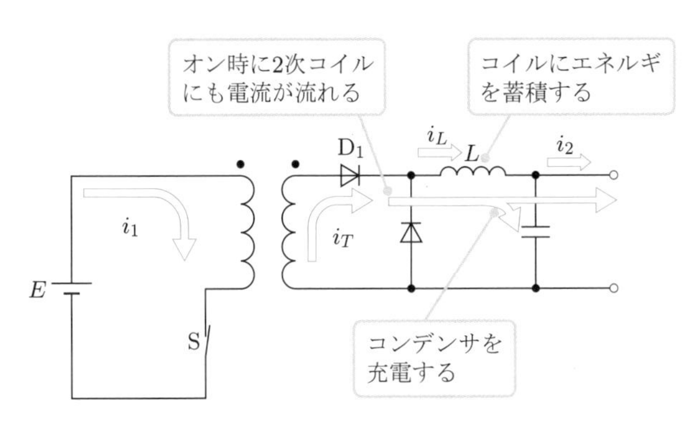

図6.17　フォワードコンバータのオン期間の電流

オンの期間に1次，2次コイルとも同時に電流i_1，i_Tが流れている．この間は2次側に接続されたコイルLにも電流i_Lが流れている．コンデンサの充電電流を無視すれば，$i_T = i_L = i_2$である．

スイッチSがオフすると変圧器の1次コイルに電流が流れなくなるので，変圧器の2次コイルの電流i_Tもゼロとなる（**図6.18**）．オン期間中にはコイルLにエネルギが蓄積されているので，起電力が生じる．起電力によりダイオードD_2が導通するので，i_Dが流れ始める．このとき，ダイオード電流i_Dが出力電流i_2となるので，コンデンサの放電電流を無視すれば$i_D = i_2$である．

フォワードコンバータはオンオフにより，i_Tとi_Dが交互に出力電流i_2となる．変圧器は1次コイルと2次コイルの巻数比によって出力電圧が設定できる．そのうえで，デューティファクタを制御すれば，精密に電圧を調整することが可能である

3　変圧器では入力側を1次，出力側を2次と呼ぶ．

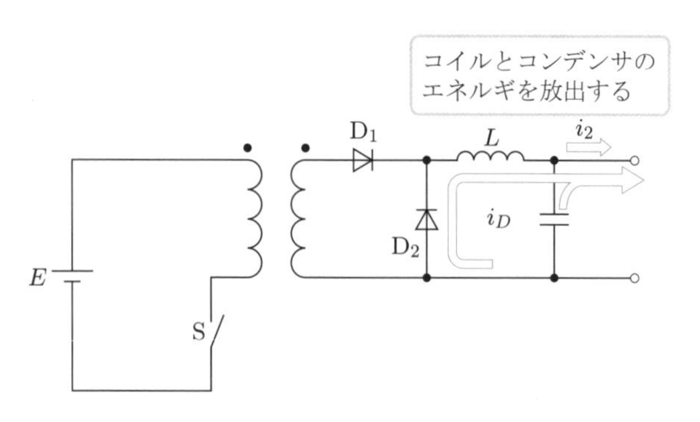

図 6.18　フォワードコンバータのオフ期間の電流

6.4.2　フライバックコンバータ

フライバックコンバータは，絶縁型コンバータのもう一つの代表的な回路である．フライバックコンバータは逆極性の変圧器を用いる．逆極性とは変圧器の1次，2次コイルの巻き始めが逆になるように巻いてあることである．**図 6.19** に示すように「•」の位置がフォワードコンバータとは逆になっている．

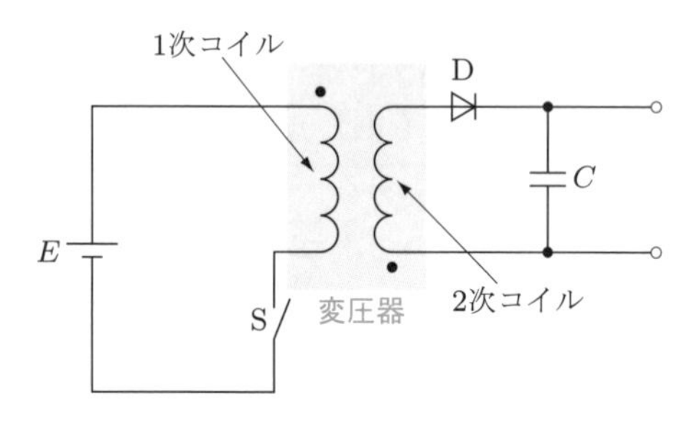

図 6.19　フライバックコンバータ

スイッチSがオンすると，1次コイルに電流 i_1 が流れる（**図 6.20**）．しかし，変圧器が逆極性になっているため，2次側のダイオードDは導通しない．したがって，2次コイルには電流は流れない．スイッチがオンの期間は変圧器の1次コイルのインダクタンスにエネルギを蓄積している．

スイッチがオフすると，1次コイルには電流が流れなくなる（**図 6.21**）．そのとき，それまで変圧器の1次コイルに蓄積されたエネルギが2次コイルに伝達され，起電力となって，ダイオードDが導通する．それにより1次コイルに蓄

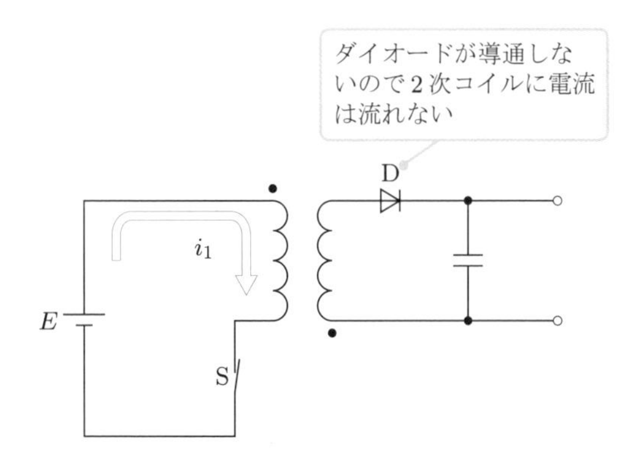

図 6.20　フライバックコンバータのオン期間の電流

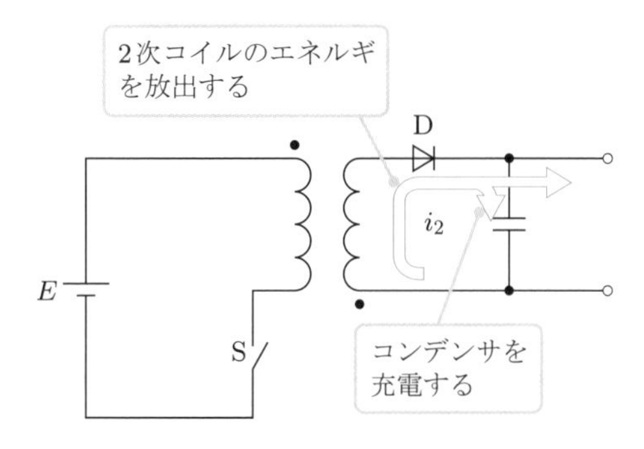

図 6.21　フライバックコンバータのオフ期間の電流

えられたエネルギが放出され，2 次コイルの電流 i_2 となって流れる．出力電流 i_2 はオフ期間にしか流れない．

フライバックコンバータでは，オン期間に 1 次コイルに電流 i_1 が流れ，オフの期間に 2 次コイルに電流 i_2 が流れる．つまりオン期間中に変圧器に蓄えたエネルギをオフ期間中に放出する．2 次側のコンデンサの容量 C が大きければ電流は連続するようになる．フライバックコンバータは出力する電力はすべて変圧器にいったん蓄えるため，大容量の回路には向かない回路方式である．

Note 変圧器の極性

変圧器の極性は変圧器のコイルの巻き方を表している．図記号ではコイルの端部に「•」（ドット）をつけている（**図 N.3**）．「•」のある側が巻き始めであり，1 次側，2 次側の電圧のプラス，マイナスが一致することを示している．

一般に変圧器は交流回路で使うので，極性はあまり問題にされないことが多い．しかし，直流をスイッチングするパワエレの回路では変圧器の極性には注意を要する．

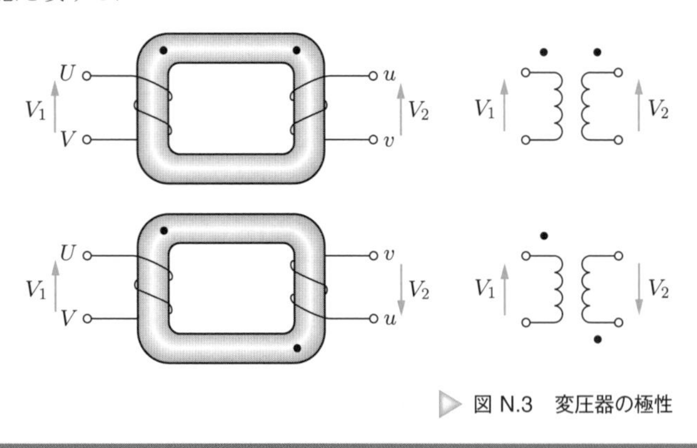

図 N.3　変圧器の極性

COLUMN 充電器と AC アダプタ

携帯電話などには充電器を使います．ノートパソコンなどでは AC アダプタを使います．どちらも商用電源の交流を直流に変換して，さらに，機器に応じて 12 V や 3.5 V に変換しています．よく似ているように思えますが，その機能は大きく異なります．

AC アダプタは交流電圧を安定した直流電圧に変換するのが目的です．一般的な電子機器は内部で 12 V の直流を使います．AC アダプタを使うような機器では，内部の電圧が変動せずに一定になるように電圧を安定化する回路が組み込まれています．そのため，13 V 程度の 12 V よりすこし高い電圧を入力すれば，あとは内部の回路で所定の電圧に安定化してくれます．AC アダプタは電圧を制御する機器です．

一方，充電器は交流を直流に変換するだけでなく，電池の充電電流を制御しています．電池は充電電流が大きいと発熱し，劣化してしまうという問題があります．電池には内部抵抗があり，その抵抗によりジュール熱が発生するからです．そのため，充電器は充電電流の上限を決めたり，充電電流を調節したりして電池の劣化を防ぎながら充電しています．電池には充電率が低くなると電圧が低くなるという性質があります．そのため，充電率が低いときに定電圧で充電すると電流が大きくなりすぎてしまいます．充電器は電流を制御する機器なのです．詳しくは 10.3 節で説明します．

直流－交流変換

本章では直流を交流に変換する直流－交流変換について述べる．直流から交流への変換を逆変換と呼ぶ．また，直流を交流に変換する回路はインバータと呼ばれる．まず，インバータの原理と基本について説明する．次に，インバータで正弦波の交流を作り出すための PWM 制御について述べる．

7.1 インバータの原理

7.1.1 ハーフブリッジインバータ

まず，直流を交流に変換する原理を説明する．**図 7.1** に示すような，二つの直流電源と二つのスイッチで構成された回路を考える．この回路の二つの直流電源はそれぞれ E [V] の電源であり，直列に接続されている．二つのスイッチは，S_1 がオンの期間には S_2 はオフし，S_1 がオフの期間には S_2 はオンする．二つのスイッチは交互にオンオフするペアのスイッチである．S_1 と S_2 は同時にオンしないと約束する．この回路では S_1 と S_2 を同時にオンするとショート（短絡）してしまう．ショートすると，抵抗がほとんどゼロの状態で電源のプラスとマイナスが接続されてしまうので，極端に大きな電流（短絡電流）が流れてしまう [1]．

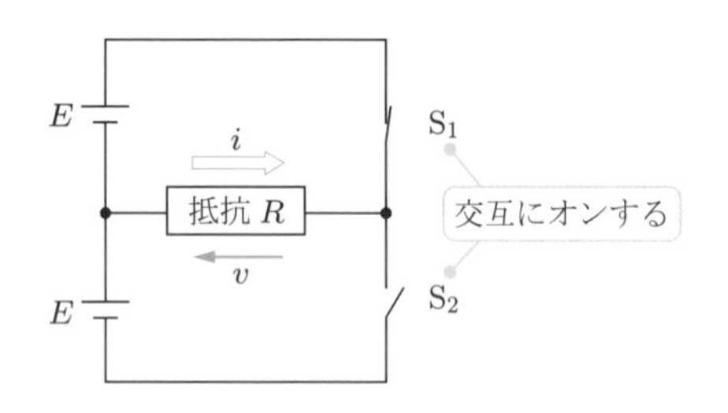

図 7.1　ハーフブリッジインバータ

1　電源短絡またはアーム短絡という．

いま，スイッチ S_1 をオンすると，**図 7.2** に示すように抵抗 R には右から左へ電流が流れる．次に S_1 をオフして，スイッチ S_2 をオンすると，抵抗 R には電流が左から右に流れる．S_1 をオンしたときと S_2 をオンしたときでは抵抗 R を流れる電流の向きが反転している．このようにして S_1 と S_2 を交互にオンオフを繰り返せば，抵抗 R に流れる電流の方向が反転を繰り返す．

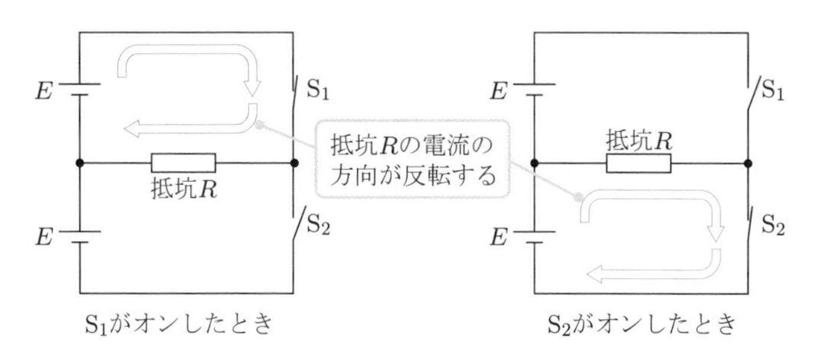

▷ **図 7.2**　ハーフブリッジインバータの電流

このようにスイッチングをしたとき，抵抗 R の両端の電圧はスイッチの切り替えに応じて $+E$ と $-E$ に入れ替わる．波形を**図 7.3** に示す．この波形は矩形波（くけいは）とよばれる．波形は正弦波ではないが，交流の定義は電流の方向が入れ替わることなので，これも交流の一種である．このときに流れる電流の大きさは，抵抗 R の大きさと電圧 E からオームの法則 $(I = E/R)$ で決まる．したがって，電流は $+E/R\,[\mathrm{A}]$ と $-E/R\,[\mathrm{A}]$ に入れ替わる矩形波である．

一定周波数の交流を作るためには，S_1 と S_2 のオン時間を等しくし，さらに

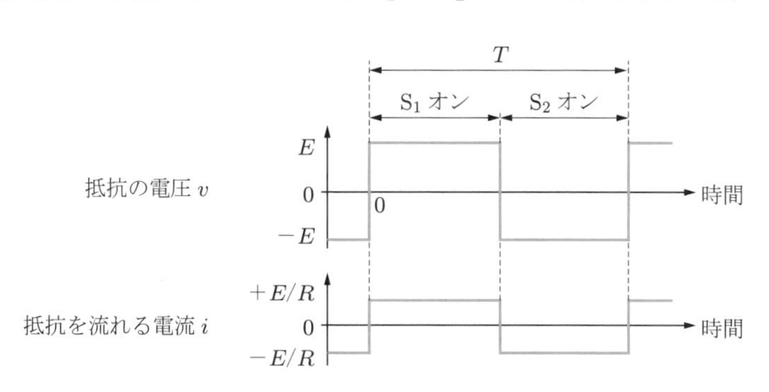

▷ **図 7.3**　ハーフブリッジインバータの出力

常に一定にしなくてはならない．オンオフの繰り返し時間が交流の周期 T となり，周期を調節すれば望みの周波数（$f = 1/T$ [Hz]）の交流電流を作ることができる．

図 7.1 に示した回路をハーフブリッジインバータと呼ぶ．ハーフブリッジインバータの動作はインバータの原理を表している．しかし，実際に使う回路として考えると，直流電源が二つ必要となる．直流電源の電圧が $2E$ なのに，変換された交流電圧の振幅は E しか得られない．つまり，交流電圧が電源電圧の 1/2 になってしまう．しかも，それぞれの直流電源は交互にしか使われないから，時間的にも 1/2 の時間しか利用されない．これでは電圧に対しても時間に対しても電源の利用率が悪いということになる．

7.1.2 フルブリッジインバータ

フルブリッジインバータはハーフブリッジインバータと同じ動作を一つの直流電源 E のみでできるようにした回路である．

フルブリッジインバータ回路の原理を**図 7.4** の回路で説明する．この回路に示すスイッチはオンオフするスイッチではなく，切り替えるスイッチである．ただし，スイッチ S_1 と S_2 は連動して同時に動作することにする．S_1 が $1'$ に接続されているときには S_2 は $2'$ に接続する．このようにして S_1 と S_2 をスイッチングすると，抵抗の両端の電圧は図 7.3 に示したハーフブリッジインバータの波形と同一になる．

ここまで説明したフルブリッジインバータの原理では，スイッチで回路を切

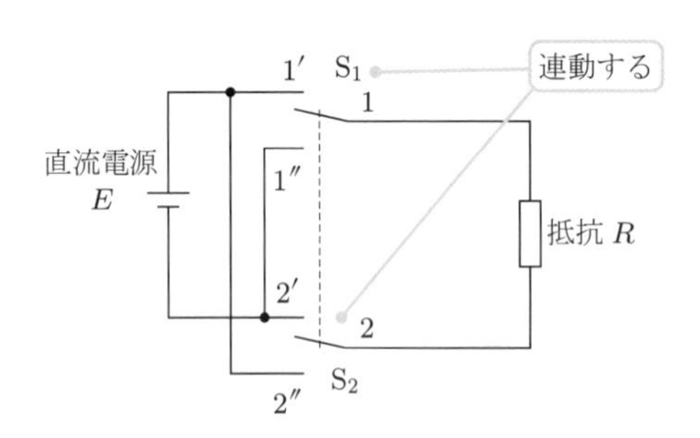

図 7.4 フルブリッジインバータの原理

り替える必要がある．半導体をスイッチとして使うこと考えると，切り替えはできない．半導体のスイッチはオンオフ（入り切り）しかできないのである．半導体スイッチで回路の切り替えを実現するためには，二つの半導体スイッチが必要である．

切り替え動作をするためには，S_1 の動作を 1–1′ をオンオフするスイッチと 1–1″ をオンオフするスイッチの二つのスイッチに分担させることにする．このようにして，合計四つの半導体スイッチを使えば切替スイッチと同じ動作ができる．このようにした回路を**図 7.5** に示す．この回路は，6.3 節で示した H ブリッジ回路である．

H ブリッジ回路の動作は次のような規則に基づく（**図 7.6**）．S_1 と S_4 がオンしているときにはそれぞれ S_2 と S_3 をオフし，S_1 と S_4 がオフのときには

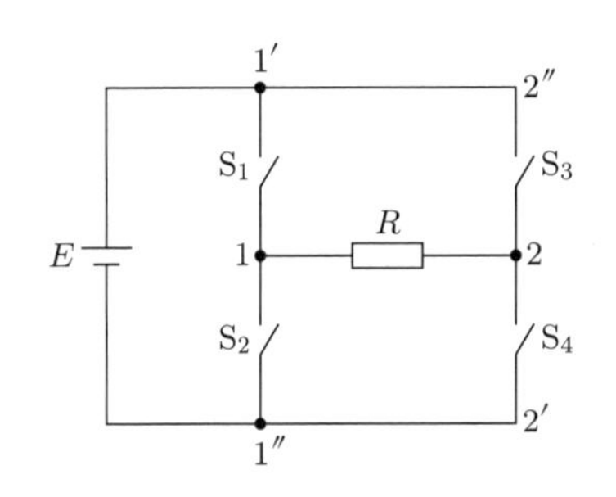

▷ **図 7.5**　フルブリッジインバータ

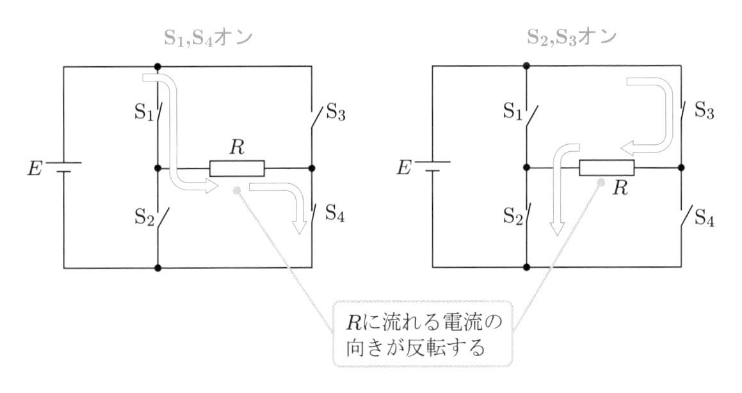

▷ **図 7.6**　フルブリッジインバータの電流

S_2 と S_3 はオンする．S_1 と S_4 がオンしているときには抵抗 R の左から右に向けて電流が流れる．S_2 と S_3 がオンしているときには抵抗の右から左に向けて逆方向の電流が流れる．このオンオフを交互に行うと，スイッチを切り替えるごとに抵抗に $+E$ と $-E$ の電圧が印加される．抵抗 R の両端の電圧は振幅が $\pm E$ の矩形波になり，図 7.3 に示す波形になる．抵抗 R に流れる電流は振幅が $\pm E/R$ の矩形波の電流である．この回路から得られる交流は，図 7.3 で示したハーフブリッジインバータとまったく同じである．

7.2　実際のインバータの回路

原理の説明をした図 7.5 の回路を，実際のインバータの回路とするために，インバータの出力に接続される負荷を RL 直列回路として考える．現実の回路はインバータと負荷の間を導線で接続する．導線は配線の位置関係から決まるインダクタンスを必ずもっている．また，インバータの出力にはモータやコイルが接続されることが多く，モータやコイルには比較的大きなインダクタンスをもっている．したがって，RL 直列回路が現実に最も近く，しかも，最も単純な負荷なのである．

そこで，**図 7.7** の回路でインバータの動作を考えてゆく．この回路がインバータとして動作するために，S_1 と S_4 のペアと S_2 と S_3 のペアが交互にオンオフする．

このときの RL 負荷の両端の電圧 v と流れる電流 i の波形を**図 7.8** に示す．

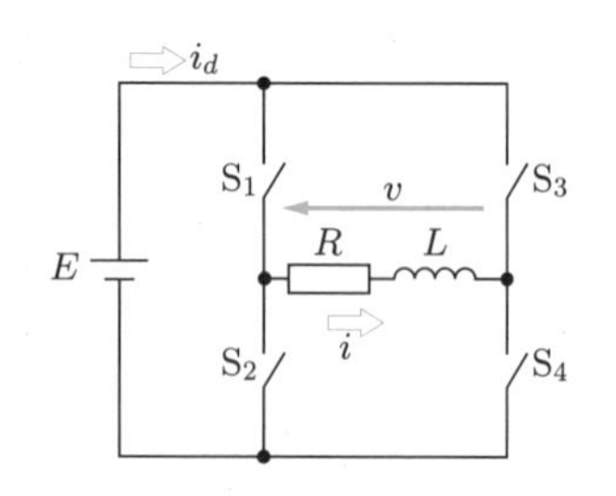

図 7.7　RL 負荷を接続したフルブリッジインバータ

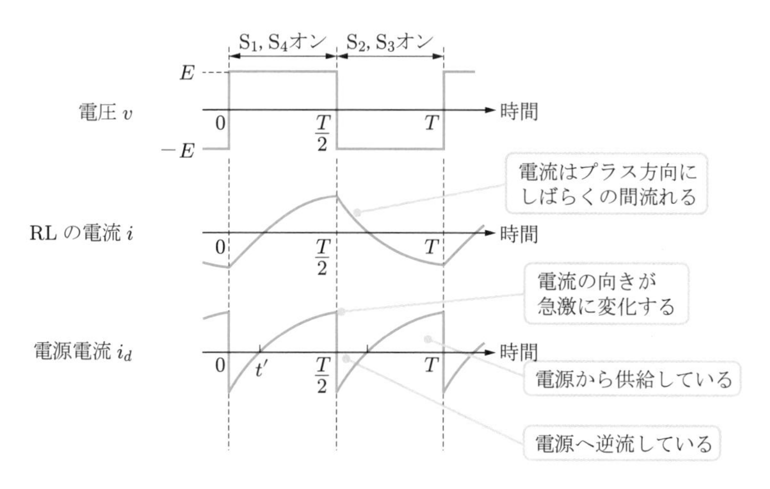

図 7.8　電源電圧の変化

電圧波形 v はこれまでの抵抗だけを負荷として考えた図 7.3 と同様に矩形波である．ところが，RL 負荷に流れる電流 i の波形は矩形波とはならない．スイッチの切り替えにより矩形波の電圧がステップ状に加わっても，負荷にインダクタンス L があるので電流はステップ状には立ち上がらない．電流はインダクタンスにエネルギを蓄積しながらゆるやかに増加する．

次に，オンするスイッチペアが切り替わると，負荷の電圧 v がステップ状に切り替わり，$-E$ となる．しかし，負荷のインダクタンス L には蓄積されたエネルギがあり，それまでと同一方向の電流を流し続けなくてはならない．インダクタンス L からエネルギが電流として放出される．そのため，電流はスイッチが切り替わって電圧がマイナスになっても同一方向にしばらくの間流れる．その結果，電流は電圧よりもゆっくり変化する．電流は電圧よりも位相が遅れている．

では，電源から流れる電流 i_d の変化を図 7.8 で見てみよう．電源電流 i_d は $0 \sim t'$ の期間では負，$t' \sim T/2$ の期間では正となっている．電源から流れる電流 i_d が負になるということは，負荷の RL 直列回路から電源に向けて電流が逆流していることを示している．つまり，$0 \sim t'$ の期間は，負荷のインダクタンス L に蓄えられたエネルギが電源に供給されることになる．しかも，電流の方向は

$t = 0, T/2$ の瞬間に急激に反転している．

では，スイッチに流れる電流はどうなるであろうか？　スイッチ S_1～S_4 に流れる電流も負になる期間がある．たとえば，S_1, S_4 の電流が負になるのは 0～t' の期間である（**図 7.9**）．電流が負ということは，図 7.7 の回路図で，スイッチ S_1, S_4 の下から上に向けて電流が流れていることを示している．また，$t = 0$, $T/2$ では電流の方向が急激に反転している．

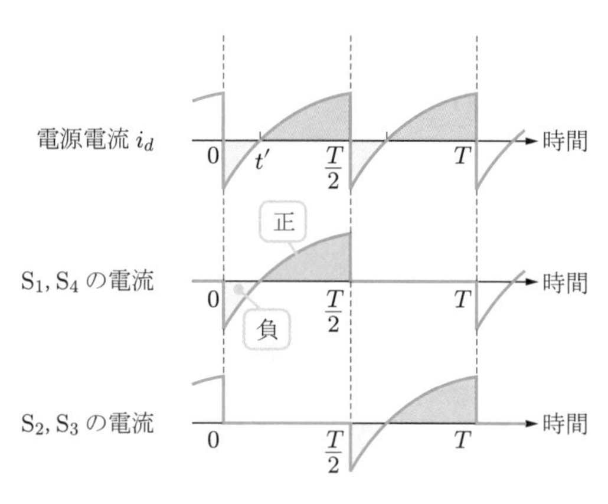

図 7.9　スイッチを流れる電流

このような現象が生じることから，実際の回路を実現するためには次のようなことが必要になる．

(1)　電流を双方向に流せるスイッチ
(2)　瞬時に電流の方向を切り替えられる直流電源

スイッチにパワーデバイスを使った場合，パワーデバイスは一方向しか電流を流すことができない．そこで，逆方向の電流を流すためにダイオードを使う．ダイオードは，外部の電圧の極性によりオンオフするパワーデバイスである．

ダイオードを逆並列に接続すれば，スイッチがオフしていても逆方向の電流を流すことができる．**図 7.10** はスイッチに IGBT を用いた実際の回路を示している．このようにインバータのスイッチに逆並列に接続されたダイオードをフィードバックダイオードと呼ぶ．

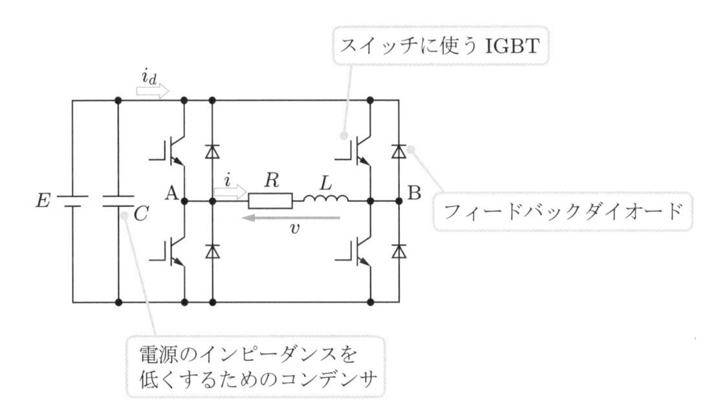

図 **7.10** IGBT を使った実際のインバータ

また，電源電流 i_d が急激に逆流することに対して，一般的な直流電源は電力を供給する機能はあるが，逆流する電力を吸収する機能（回生という）はもっていない．インバータ回路に直流を供給するためには，瞬間的に電流の放出，吸収が切り替えられることが必要である．そのために，電源に並列にコンデンサを挿入する．コンデンサは電圧に応じて充電と放電が瞬時に切り替わるという性質がある．逆方向の電流はコンデンサの充電電流となるので，電源には逆流しなくなる．

このことについて別の説明をしてみよう．コンデンサのインピーダンス（リアクタンス）は第 3 章で述べたように，$Z = 1/j\omega C$ で表される．すなわち，周波数が高いほどインピーダンスは低いという性質がある．高周波成分をよく通し，低周波成分はカットする．このことを，コンデンサは**高周波インピーダンス**が低いという．電流の急峻な変化ということは，電流波形に高周波成分が多く含まれていることである [2]．高周波インピーダンスの低いコンデンサを電源に並列に接続し，コンデンサを含んだ回路を電源として考えれば，高周波インピーダンスの低い電源と考えることができる．そのため，インバータ回路では電源に並列にコンデンサが接続している．

インバータの直流電源として交流の整流回路（第 8 章で後述）を用いる場合，

2　波形をフーリエ級数展開すると，次数の高い成分が多いということ（8.4.1 参照）．

直流電圧を平滑化するためにコンデンサを接続する．これは平滑コンデンサと呼ばれるが，平滑コンデンサは直流電源回路の高周波インピーダンスを下げる役割も果たしている．

実際のインバータ回路に流れる電流の経路を**図 7.11** により説明する．図 (b) は RL 負荷の電圧電流波形である．RL 負荷の電流の変化に応じて期間 ① 〜④ とし，矢印はそれぞれの期間の電流の経路を示している．期間 ① は S_1, S_4 がオン期間のうち，S_1, S_4 がオンした直後である．それまでにインダクタンス L にエネルギが蓄積されているため，その起電力により，D_1，D_4 がオンする．その結果，それまでの S_2, S_3 オン期間 ④ と同じ方向に電流が流れ続ける（右か

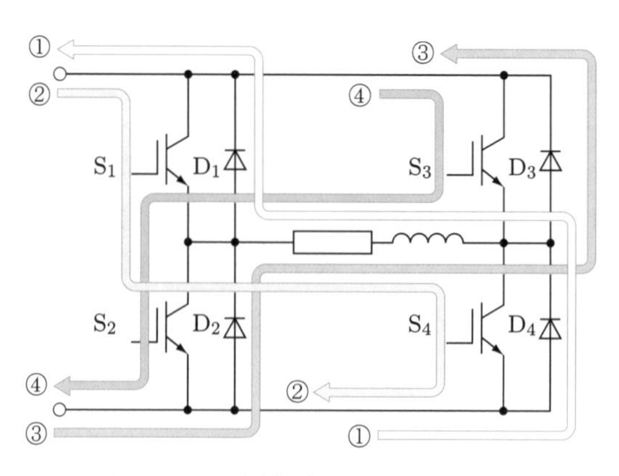

(a) 電流経路の切り替わり

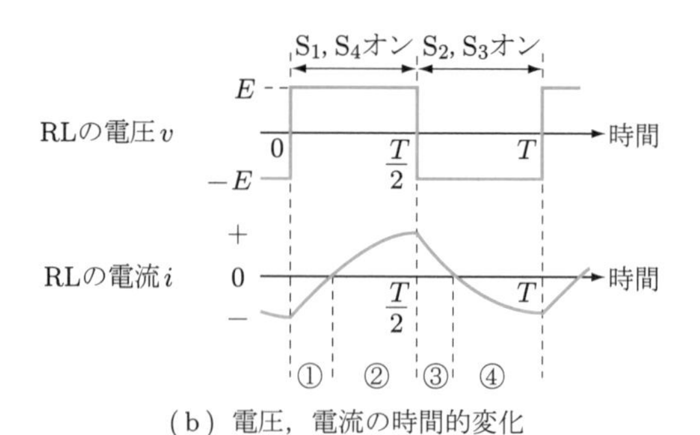

(b) 電圧，電流の時間的変化

図 7.11 RL 負荷時の電流経路

ら左の方向の負の電流）．インダクタンス L に蓄積されたエネルギがゼロになると，期間 ② となる．この期間は，電源の起電力により電源から S_1 を通して負荷に電流が流れるので，負荷には左から右の方向の正の電流が流れる．このときダイオード D_1, D_4 は極性が逆になるのでオフしており，ダイオードには電流は流れない．

S_1, S_4 がオフして S_2, S_3 がオンすると期間 ③ となるが，期間 ① と同様にインダクタンス L に蓄積されたエネルギが起電力となり D_2, D_3 がオンするので負荷にはそれまでと同じ正方向（左から右）の電流が流れ続ける．インダクタンスのエネルギがゼロになると期間 ④ となり，負荷には逆方向の負の電流が流れ始める．

フィードバックダイオードは双方向の電流を流せない IGBT と逆方向の電流を流す役割をしており，インバータ回路では重要な役割を果たしていることがわかると思う．

7.3 三相インバータ

直流を三相交流に変換する三相インバータ回路について説明しよう．第 3 章で説明したように，三相交流を作るには 120 度の位相差のある 3 個の単相交流電源を使えばよい．したがって，単相インバータを 3 組使えば，直流を三相交流に変換できる．単相インバータを**図 7.12** に示すように接続し，それぞれのインバータが出力する交流の位相が 120 度異なっていれば三相負荷に三相電力を供給できる．しかし，これでは単相インバータが 3 組必要である．つまりインバータのスイッチが 12 組 (4×3) 必要ということになる．

電力用などの大容量のインバータでは，このような構成で三相への電力変換をする場合がある．しかし，一般のインバータでは**図 7.13** に示す三相インバータ回路を用いる．この回路を使えば 6 個のスイッチで構成できる．

三相インバータ回路の 6 個のスイッチは単相インバータと同様に，S_1 がオンしているときにはその下の S_2 はオフする．S_3 と S_4，S_5 と S_6 のペアも同様の動きをする．たとえば，S_1 がオンしていれば，S_2 はオフしている．S_1 がオ

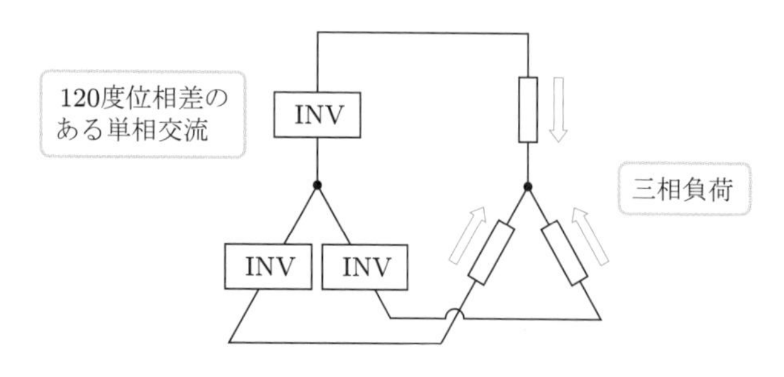

図 7.12　単相インバータによる三相交流への変換

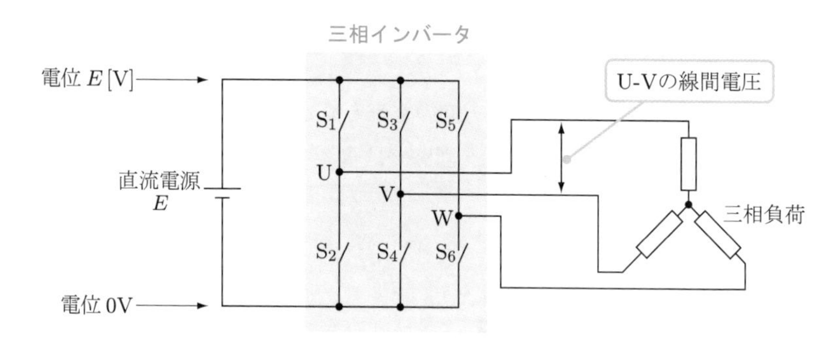

図 7.13　三相インバータ

ンしている状態では，点 U が電源のプラスに接続されることになる．つまり，点 U の電位は E となる．S_1 がオフして，S_2 がオンしているとき，点 U の電位がゼロとなる．

この回路を三相インバータとして働かせるには，S_1～S_6 のスイッチを**図 7.14**(a) に示すタイミングで動作させる．この図は 3 組のスイッチペアのオンオフ動作には 120 度の位相差があることを示している．このようなスイッチングにより点 U，V，W の電位は，図 (b) に示すように 0 と E に変化する．このとき点 U, V, W の間の電位差が三相交流出力の線間電圧である．たとえば，端子 U–V 間の線間電圧は点 U の電位から点 V の電位を引いたものである．線間電圧は図 (c) に示すように，$+E$，0，$-E$ と変化する．このように動作させれば線間電圧はプラス・マイナスに変化するので交流になる．ここで注意したいのは，スイッチは 1 周期（360 度）のうち 180 度通電しているが，得

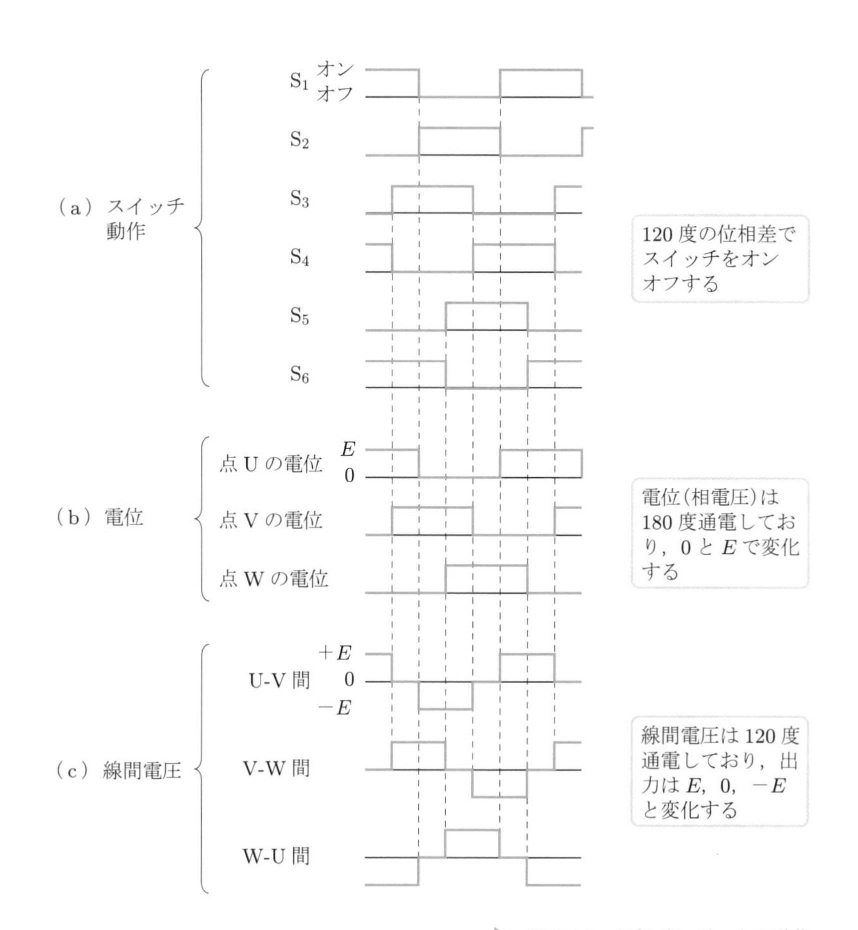

図 7.14　三相インバータの動作

られる線間電圧には出力がゼロの期間があるので 1 周期（360 度）のうち 120 度の通電期間しかないということである．三相インバータ回路は，このようにして直流電力を三相交流電力に変換する．

実際の IGBT を使った三相インバータの回路を**図 7.15** に示す．三相インバータの場合，直流電源 E を $\pm E/2$ の二つの電源と考える．電源の中性点を接地の電位と考え，この電位を出力の基準電位とする．負荷には Y 形に結線されたの三相の RL 回路を考える．

このときの各部の電圧電流は**図 7.16** に示すようになる．相電圧とは，点 O

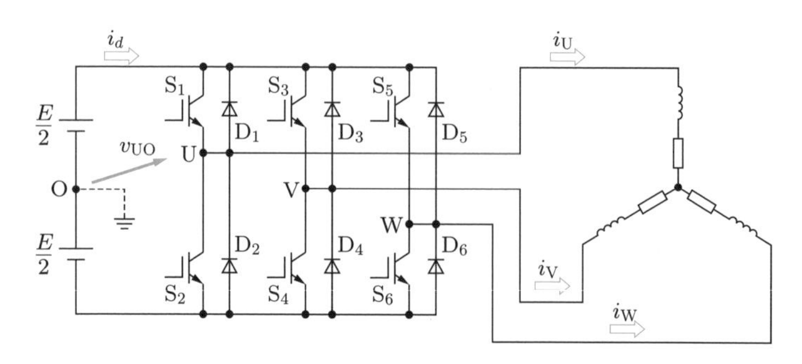

図 7.15　実際の三相インバータ

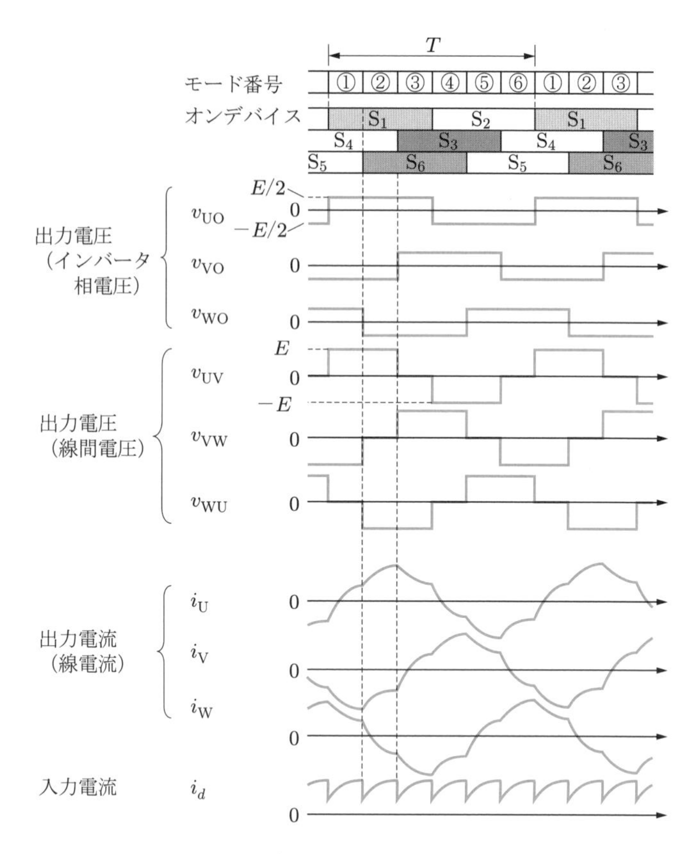

図 7.16　三相インバータの電圧電流波形

に対するU, V, W各相の電位であり，U相の相電圧をv_{UO}と示している．線間電圧は各相の相電圧の差であり，UV相間の電圧をv_{UV}と示している．図で示している期間②においては，上側ではスイッチS_1のみがオンしている．下側ではS_4とS_6の二つのスイッチがオンしている．この期間では，入力電流はすべてS_1を流れることになるので，$i_d = i_{\mathrm{U}}$となる．入力電流i_dは各期間でオンしているいずれかのスイッチを流れる電流である．

6個のスイッチは①〜⑥の順に切り替わると，交流の1周期となる．このような動作をするインバータを6ステップインバータとよぶ．図7.14で示した結果と同じく，スイッチは180度通電している．このとき，U, V, W各端子の電位は直流電源の中性点に対し$\pm E/2$となる．これが相電圧である．一方，線間電圧は120度の通電期間となり，$\pm E$が得られる．

各相の出力電流（線電流）は負荷のインダクタンスLの影響を受けて，ゆっくり変化している．また，入力電流i_dは1周期で6回同じ波形を繰り返している．単相インバータと異なるのは，電源に逆流する電流がなく，入力電流i_dは常に正の方向に流れている点である．これは，スイッチがオフして負荷のインダクタンスのエネルギが放出されても，上下ともいずれかのスイッチがオンしており，電源に逆流することなく，負荷に電流が流れる経路があることによる．しかし，入力電流i_dは出力している交流周波数の6倍の周波数で変動し，振幅は急激に変化する．そのため入力電流i_dは逆流しないが，電源インピーダンスを低下させるためのコンデンサを接続することが望ましい．

7.4 PWM制御

ここまでに単相，三相のインバータの原理を述べた．しかし，これまでの説明だけでは出力する交流の周波数は調節できても，交流電圧の大きさは一定である．出力する交流の電圧を制御するにはデューティファクタの制御を行う必要がある．これまでの説明では，インバータ回路のスイッチのオンオフを交互に行っていたので，デューティファクタは1.0である．ここに，単相インバータにおいて4個のスイッチがすべてオフとなる状態を入れることにする．これにより，**図7.17**に示すようにスイッチの切り替えの間にオフの時間ができる

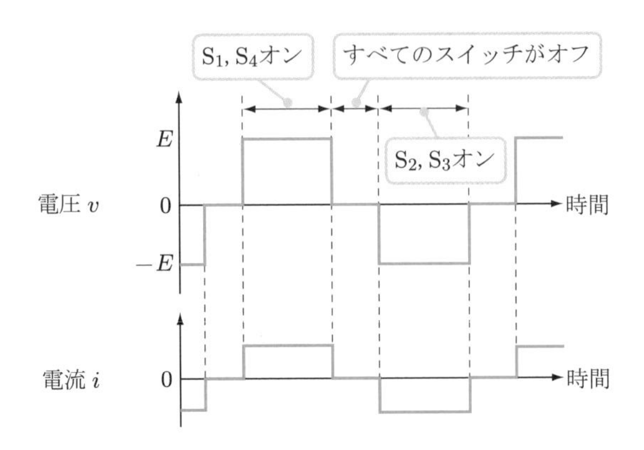

図 7.17 デューティファクタによる電圧制御

ので，オン時間を調節するデューティファクタによって制御することができる．デューティファクタに応じて平均電圧が調節できるので，インバータで変換する交流の平均電圧や平均電流を望みの大きさに制御することができるようになる．

しかし，図 7.17 に示す波形ではパルス幅は変化しているが，波形は矩形波であり，正弦波にはなっていない．さらに正弦波に近い波形を出力したい場合，波形を制御する．そのために用いられているのが PWM[3] 制御である．

ここでは，図 7.6 に示した単相のフルブリッジインバータを考える．この回路により PWM 制御の原理を説明する．**図 7.18**(a) に示すように，出力したい正弦波の信号波形とそれよりも周波数の高い三角波の波形（変調波，キャリア波）を利用する．この二つの信号波形の大きさを時々刻々と比較する．図 (b) に示すように，正弦波信号のほうが三角波信号より大きいときにスイッチ S_1, S_4 をオンし，小さいときにはスイッチ S_2, S_3 をオンすることにする．このような規則でスイッチングするとオン時間は一定ではなく，常に変化する．しかも，オン時間は時刻とともに正弦波状に増減する．その結果，抵抗 R の両端には図 (c) に示すようにオン時間が正弦波状に変化する電圧のパルス列が現れることになる．パルス列のパルス幅の変化を平均的に表すと破線で示すようになる．この平均電圧の大きさは正弦波の信号波の振幅に比例する．

しかしながら，図 (c) に示すように，得られた波形はパルス波の繰り返しで

3 Pulse Width Modulation，パルス幅変調

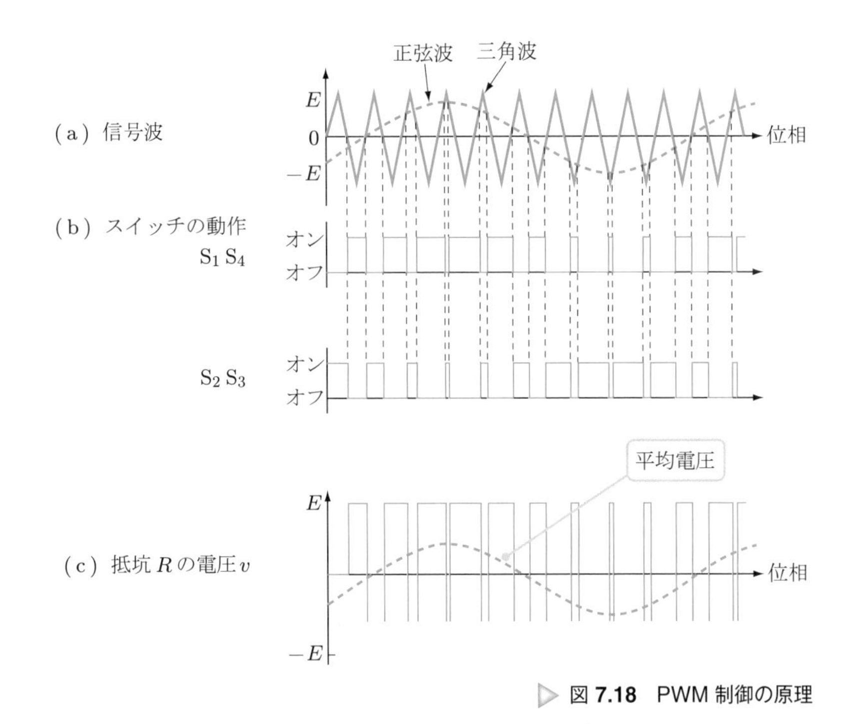

図 7.18 PWM 制御の原理

ある．このような波形を評価するには周波数分析を行う．

周波数分析について説明しよう．単一の正弦波でない交流の波形をひずみ波形という．ひずみ波形は多くの周波数成分の正弦波の合成と考えることができる[4]．たとえば，矩形波を周波数分析すると周波数が整数倍の正弦波の合成となる．**図 7.19** に示すように矩形波は，矩形波と同じ周波数の正弦波（基本波）とそれ以外の成分（高調波）の合成となっている．PWM 制御により得られる波形（PWM 波形と呼ぶ）は信号波である正弦波（基本波）とキャリア波による高調波の合成となっている．

このように PWM 制御により基本波を含む PWM 波形が得られるが，その出力をそのまま負荷に供給する場合と，さらに整形して正弦波の電圧を供給する場合とがあり，これは用途により異なる．

太陽光発電などで，インバータにより変換した交流の出力を商用電源の代わり

4　8.4.1 項参照.

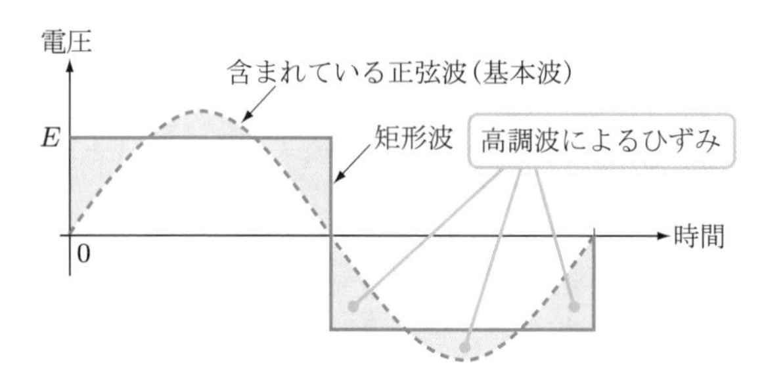

▷ **図 7.19　矩形波に含まれる基本波**

に利用する場合，インバータの出力電圧の波形は正弦波が望ましい．その際はローパスフィルタにより高調波を除去する．ローパスフィルタとは基本波のみ通過させ，それより周波数の高い高調波は通過させない作用をする回路である．

一方，インバータの用途で最も多いのがモータ駆動である．モータのコイルはインダクタンスが大きいため，インバータの出力電圧が矩形波やパルス列であっても，インダクタンスにより電流は急激に変化しない．一般的なモータをPWM 制御したインバータで駆動した場合，電圧，電流は**図 7.20** に示すような波形となる．電流はモータのインダクタンスの影響により正弦波に近づく．キャリア波の周波数が高ければ，電流はほぼ正弦波になると考えてよい．そのため，モータ駆動の場合はローパスフィルタを使うことなしに，PWM 波形の電圧をそのまま負荷に供給することが多い．

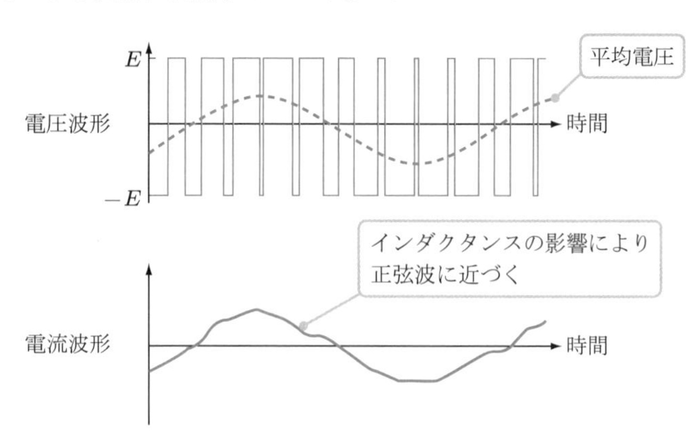

▷ **図 7.20　PWM インバータでモータを駆動するときの電流波形**

COLUMN PWM 制御の音

パワエレ機器は高電圧をスイッチングするので，スイッチングに応じて電圧が断続し，それにともなって電流も変動します（リプル）．電圧，電流の変動はパワエレ回路でたくさん使われているコイルの加振力になります．

コイルの周囲には磁界があります．磁界によりフレミングの左手の法則で説明される電磁力が生じます．磁界の変化により電磁力が変動します．**図 C.2** に示すように，磁界の変化の周波数の 2 倍の周波数で電磁力が生じます．

この電磁力によりコイルや周囲の部品が振動して音を発生するのです．現在は IGBT を使うことが多いので，PWM 制御の場合は 10 kHz 程度のスイッチング周波数が使われることが多くなっています．すると，その 2 倍の 20 kHz の騒音が発生するのです．

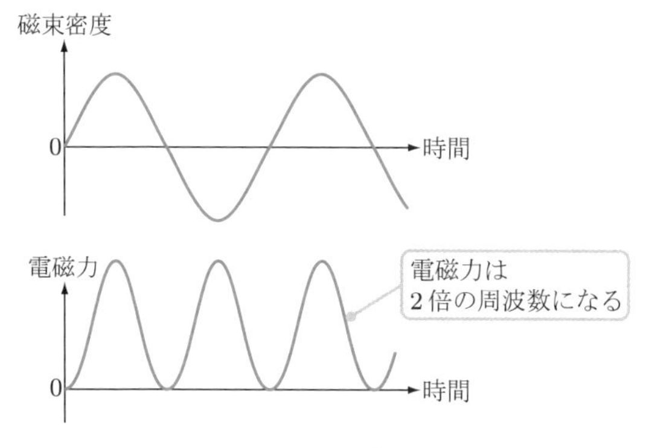

図 C.2　電磁力の発生

人間の耳の聞こえる音の範囲は 20 Hz～20 kHz といわれています．つまり，10 kHz のスイッチングにより生じる 20 kHz の騒音は人間には聞こえないのです．昔のインバータは数 kHz でスイッチングしていたので，インバータやモータからピーピーと聞こえる騒音を発生することがありました．しかし，最近のパワエレ技術では音もなくモータを駆動できるのです．ただし，モータで駆動する機械の動作音はまだ聞こえてくるのですが．

交流－直流変換

本章では交流を直流に変換する交流－直流変換について述べる．交流から直流への電力変換を順変換と呼ぶ．また，交流から直流に変換する回路を整流回路という．交流から直流への変換は，商用電力を電子機器やパワーエレクトロニクスで利用する直流に変換するために欠くことのできない電力変換である．

8.1　整流回路の原理

交流を直流に変換する順変換の回路が整流回路である．整流回路にはダイオードを使う．第5章で述べたように，ダイオードは外部の電圧の極性によりオンオフするパワーデバイスである．ここでは各種の整流回路の原理を説明する．

8.1.1　半波整流回路

交流を直流に変換するための最も簡単な回路は半波整流回路である．半波整流回路を**図 8.1** に示す．正弦波の交流電源と抵抗 R の間にダイオード D が挿入されている．ダイオードはアノードがプラスになるとオンし，マイナスになるとオフする．したがって，電源電圧 v は正弦波であるが，ダイオードのカソード側に現れる電圧 e_d は交流電圧がプラスの期間の半周期のみ現れている．この

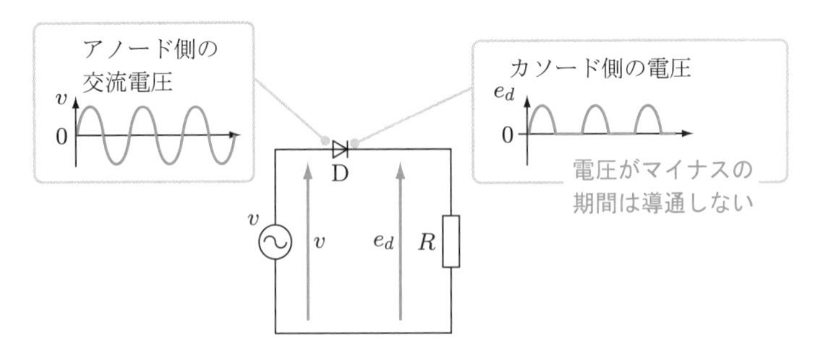

図 8.1　半波整流回路

ようにすれば，電圧は断続するもののカソード側ではプラスだけの電圧が得られる．しかし，電圧がゼロになる期間があり，波形は断続するので，直流電圧のリプルが極端に大きい．

図の回路で，交流電圧を $v = \sqrt{2}V\sin\theta$ とすると，直流電圧 e_d の平均値 E_d は次のようになる．

$$E_d = \frac{1}{2\pi}\int_0^{2\pi} e_d\,d\theta = \frac{\sqrt{2}}{\pi}V \approx 0.45V$$

この式は，半波整流回路で変換した場合，直流として利用できる平均電圧が交流電圧の実効値 V の 1/2 以下であることを示している．

8.1.2　全波整流回路

二つのダイオードを使って交流の正負の両サイクルとも利用する回路を全波整流回路という．そのために**変圧器**[1]を利用する．交流電圧を変圧器に入力し，変圧器の出力側の中点タップを使用する．これを**二相整流回路**と呼ぶ．回路を**図 8.2** に示す．この回路では交流電圧の極性に応じて D_1，D_2 が交互に導通する．そのため，交流のプラスマイナスの両極性が利用できる．このときの直流側の出力電圧 e_d は図に示すような波形であり，正弦波の絶対値の波形になる．つまり，

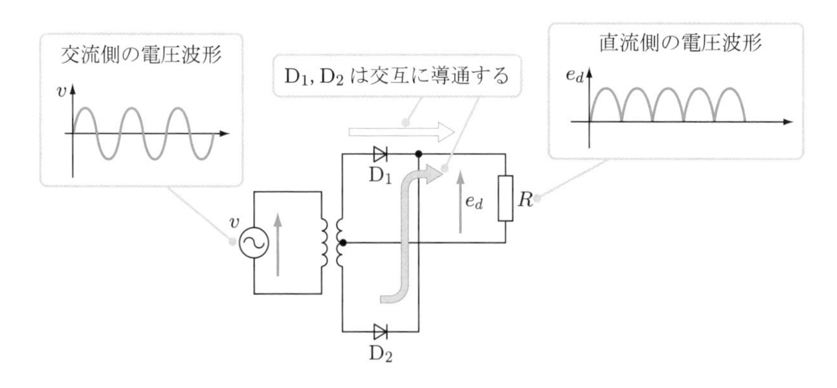

図 8.2　二相整流回路

1　変圧器については章末のコラム参照．

$$e_d = |v|$$

と表される．交流電圧を $v = \sqrt{2}V \sin\theta$ とすると，直流電圧 e_d の平均値 E_d は次のようになる．

$$E_d = \frac{1}{2\pi}\int_0^{2\pi} e_d d\theta = \frac{2\sqrt{2}}{\pi}V \approx 0.9V$$

全波整流回路では半波整流回路の 2 倍の電圧が得られる．ただし，直流電圧 E_d は交流電圧の実効値 V より小さい．しかし，二相整流回路では変圧器を使うので，変圧器により直流電圧の変更が可能である．

変圧器を使わない場合，4 個のダイオードで**ブリッジ回路**を構成する．単相ブリッジ整流回路を**図 8.3** に示す．このブリッジ回路では交流電圧が正の半周期では D_1 と D_4 が導通し，負の半周期では D_2 と D_3 が導通する．直流電圧は二相整流回路とまったく同じとなる．ブリッジ整流回路は変圧器が不要なので一般によく使われている．

ここまで説明した整流回路では直流電圧 e_d の波形はゼロから正弦波の波高値まで常に変化しており，リプルが大きい．そのため，実際の整流回路ではリプルを小さくするために，平滑化が行われる（8.2 節参照）．

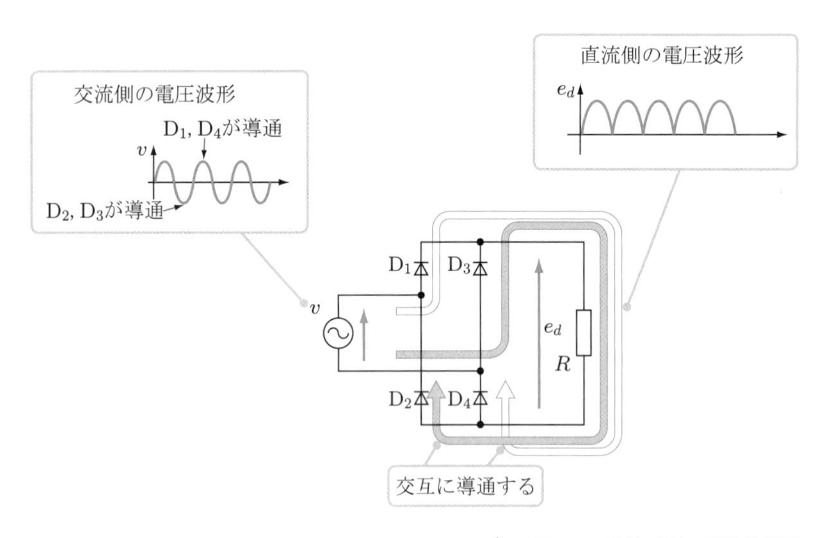

図 **8.3**　単相ブリッジ整流回路

8.1.3 三相全波整流回路

三相交流の整流回路は基本的には単相ブリッジ整流回路にもう 1 相を追加したものと考えてよい．**図 8.4** に示すように，6 個のダイオードでブリッジが構成される．単相ブリッジ回路では，単相交流の電圧の極性に応じて 2 組のダイオードが交互にオンオフした．つまり，位相が 180 度の期間導通している．ところが，三相全波整流回路ではダイオードの導通状態が単相ブリッジ整流回路とは異なる．

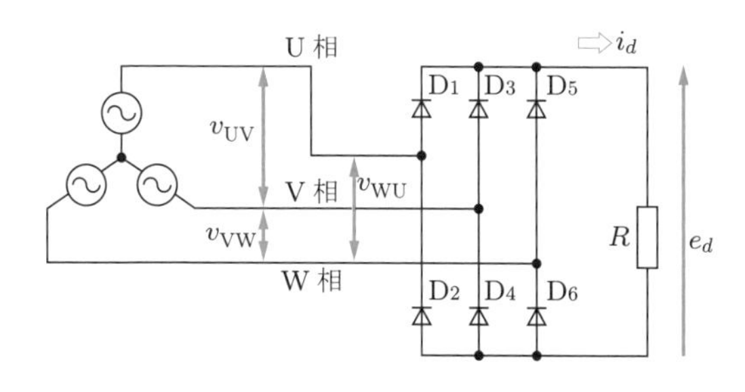

図 8.4 三相整流回路

三相全波整流回路の各部の電圧電流波形を**図 8.5** に示す．単相ブリッジ整流回路と最も異なる点は，直流電圧 e_d がゼロになる瞬間がない，ということである．図 (a) に示すように，三相交流は，常にいずれかの相には電圧がある（三相ともゼロにはならない）という特徴がある．そのため，図 (b) に示すような直流電圧 e_d が得られる．

このとき流れる電流の様子を考える．まず，図 (f) によりダイオードの導通期間について説明する．図に示すようにダイオード D_1〜D_6 は，120 度の期間でそれぞれ導通する．三相交流電源の U 相に接続されているダイオードは D_1 と D_2 である．D_1 は上側のダイオードであるが，これが導通している 120 度の期間では，下側は D_4 と D_6 がそれぞれ 60 度ずつ導通する．U 相の電圧がプラスの期間は 180 度であるが，U 相を流れる交流電流はそのうち 120 度の期間は流れ，60 度の期間は流れない．また，U 相を流れるマイナス電流は U 相から抵抗 R を通って W 相へ戻る電流と V 相へ戻る電流の合成となる．そのため，図 (c) に示すようなピークが二つあるパルス状の電流波形になる．三相全波整流回路は，正弦波電圧が入力しても流れる電流は正弦波とならないのである．

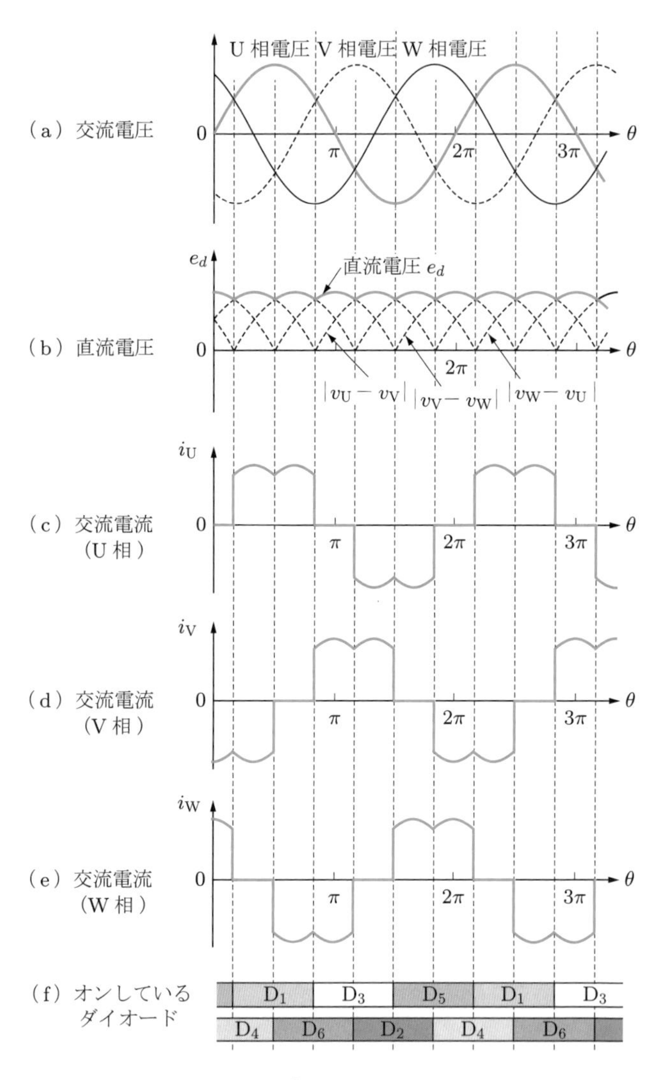

図 **8.5**　三相整流回路の各部の波形

8.2　整流回路の平滑化

整流した直流電圧のリプルを低減するために直流電圧を平滑化する．ここでは二つの平滑化回路について述べる．

8.2.1　コンデンサ入力型整流回路

直流電圧のリプルを平滑するためにコンデンサを用いる回路を，コンデンサ入力型整流回路とよぶ．コンデンサ入力型整流回路とは，整流回路と抵抗 R の間にコンデンサ C を設ける整流回路である．**図 8.6** に示す回路はブリッジ回路と抵抗 R の間にコンデンサ C を追加している．

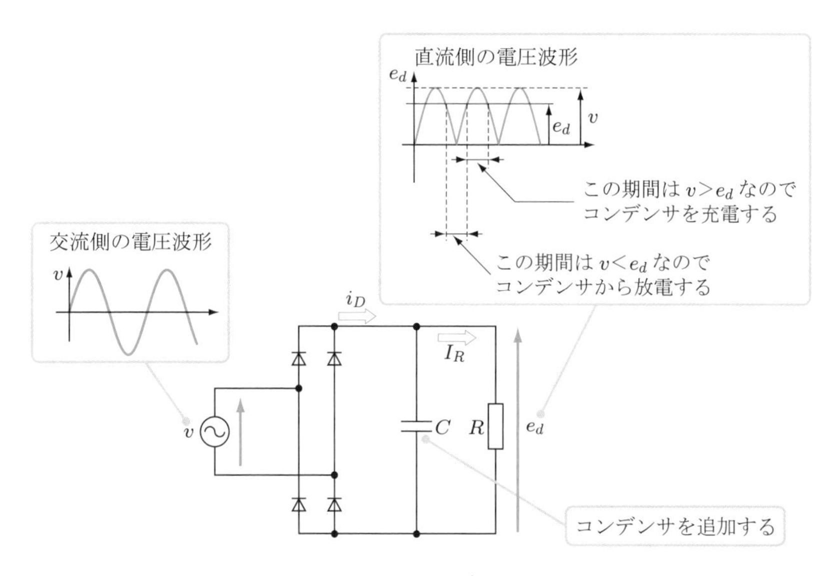

図 8.6　コンデンサ入力型整流回路

全波整流回路の出力電圧は，図 8.3 に示したように正弦波の絶対値となり，リプルが大きい．抵抗の電圧 e_d はコンデンサの電圧と等しいので，コンデンサの電圧を e_d とすると，正弦波のピークに近い期間は交流電圧がコンデンサ電圧 e_d より高いので，コンデンサに電流が流れ込み，充電される．また，交流電圧が e_d より低い期間はコンデンサを充電できないので電源からコンデンサに電流は流れない．この期間はコンデンサにそれまで充電された電圧 e_d が抵抗 R に印加される．

そのため，直流側の出力電圧 e_d はコンデンサの両端の電圧として考えることになるので**図 8.7** に示すようになる．直流電圧の平均値 E_d およびリプルの大きさ ΔE_d はコンデンサ C と負荷抵抗 R の大きさにより変化する．コンデンサ容量 C が十分大きければリプルはほぼゼロになる．

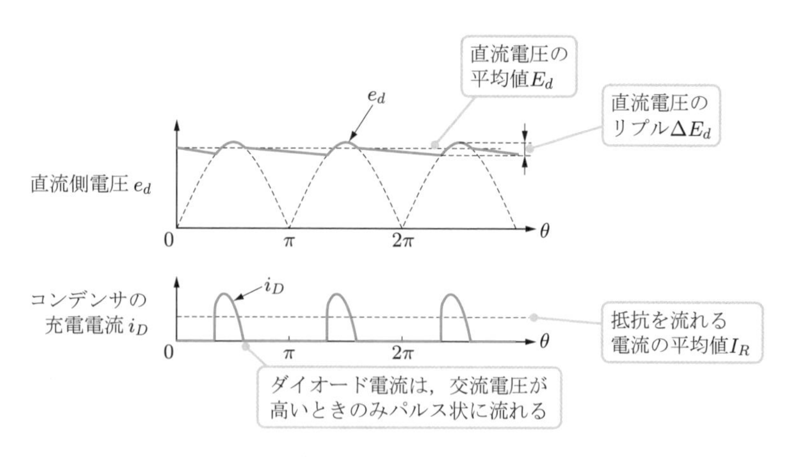

図 8.7　コンデンサ入力型整流回路の電圧と電流

また，交流電圧 v の正弦波の振幅が e_d より大きい期間だけコンデンサを充電するので，入力電流はその期間だけ流れるパルス状の電流となる．そのため，交流側を流れる電流も正弦波ではなく，正負のパルス状の電流となる．交流電流が正弦波でないということは入力電流に高調波を多く含むことになるので，総合力率 PF が低いということになる（総合力率については 8.4.1 項で詳しく述べる）．これがコンデンサ入力型整流回路の欠点である．

8.2.2　チョーク入力型整流回路

直流のリプルを平滑するためにコイルを使う回路を**チョーク入力型整流回路**とよぶ．チョーク入力型整流回路を**図 8.8** に示す．チョーク入力型整流回路は，コイル L を整流回路に直列接続することで構成される．チョーク (choke) という名前は，回路部品としてのコイルをチョークコイルとよぶことに由来してい

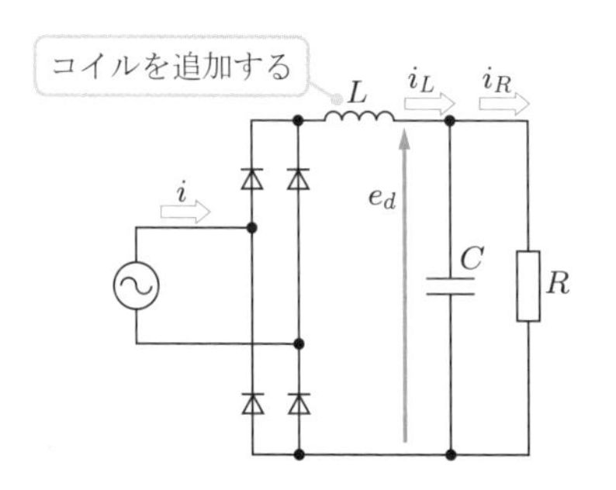

▷ 図 **8.8** チョーク入力型整流回路

る[2].

チョーク入力型整流回路では負荷電流 i_R がゼロであれば直流電圧は交流電圧の正弦波の最大値である $\sqrt{2}V$ となる．しかし，負荷電流 i_R がわずかでも流れると直流電圧が急激に低下するという性質がある．そのときの直流電圧の平均値 E_d はほぼ $0.9V$ である．負荷電流の平均値 I_R が変化しても直流電圧の平均値 E_d は，ほぼ一定となると考えてよい．

直流電流 i_R は，コイルのインダクタンス L が十分大きいとすれば，ほぼ直流に近づくと考えることができる．このとき，交流の入力電流 i は 180 度導通で，振幅がほぼ I_R の矩形波となる．電流波形を**図 8.9** に示す．

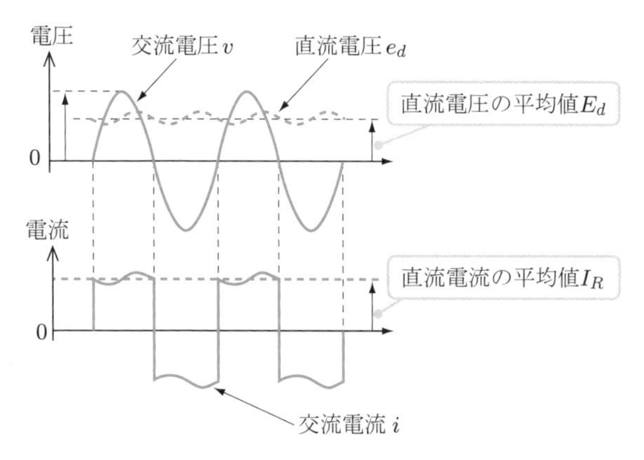

▷ 図 **8.9** チョーク入力型整流回路の電圧と電流

2　チョークコイル，インダクタ，リアクトルは名称が異なるだけで同じものである．分野によって呼び方が異なっている．

チョーク入力型整流回路の入力の総合力率は0.9という高い値となる．しかし，インダクタンスの値を大きくしようとするとコイルが大型化し，大きさ，重量の点でコンデンサに劣る．そのため，チョークとコンデンサが併用されることが多い．

8.3 整流回路の力率改善

コンデンサ入力型整流回路は交流電流がパルス状になり，高調波を多く含むのでチョーク入力型整流回路より総合力率が低いという欠点がある[3]．しかし，コンデンサを使うので回路を小型軽量にすることができる．そのため，コンデンサ入力型整流回路の力率を改善する工夫が行われている．ここではその代表的な二つの方法について説明する．

8.3.1 PWM コンバータ

PWM コンバータはインバータ回路を整流回路として使う方法である．インバータ回路を PWM 制御するので **PWM コンバータ**と呼ぶ．単相 PWM コンバータの回路を**図 8.10** に示す．PWM コンバータは全波整流回路の D_1〜D_4 のダイオードに並列に IGBT が接続されている．IGBT がなければ通常のコンデンサ入力型整流回路である．

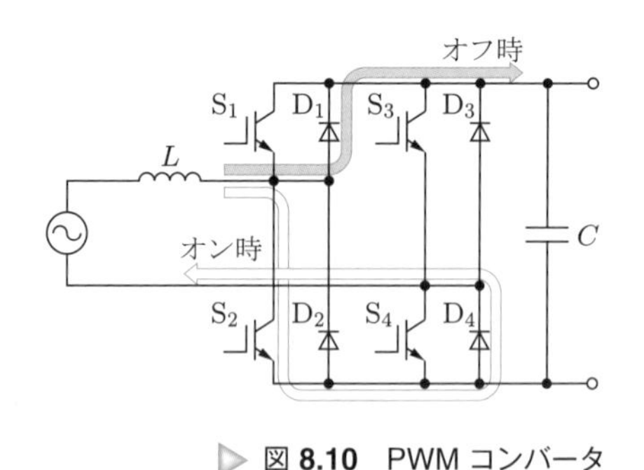

図 8.10 PWM コンバータ

3 次節参照．

コンデンサ入力型整流回路では，交流電圧がコンデンサの直流電圧より高い期間だけパルス状の電流が流れてしまう（図 8.7）．しかし，この回路を使えば交流入力電流の波形を制御し，正弦波状にすることができる

PWM コンバータの動作原理を説明する．交流電圧がプラスの期間に，図 8.10 のように S_2 をオンすると，白矢印のように電流が流れる．電流の経路は次のようになる．

交流電源の上側 → コイル (L) → スイッチ (S_2) → ダイオード (D_4) → 交流電源の下側

この経路をよく見ると，図 6.5 に示した昇圧チョッパのオン時と同じように電源からコイルだけに電流が流れている．つまり，昇圧チョッパと同じように，オン期間中にコイルに蓄えられたエネルギが，S_2 をオフしたときに放出される．放出される電流の経路は青矢印で示すように，

コイル (L) → ダイオード (D_1) → コンデンサ (C)

と流れる．昇圧チョッパのオフ時と同じようにコイルの起電力で電流が流れる．

S_2 のオン期間に交流電源の電流を流し，S_2 のオフ期間に負荷に電流を供給している．つまり，S_2 のオンオフにより入力電流の増減を調節できることになる．

交流電圧の波形に応じてオンオフを制御すれば，入力電流の波形を交流電圧と同位相の正弦波に近づくように制御することができる．このように PWM 制御することにより，電流波形に含まれる高調波が少なくなり，電圧と電流の位相差もなくなるので，総合力率を 1 の状態に近づけることができる．また，PWM コンバータはインバータの回路そのものであるので，図の右から左方向に電力変換することも可能である．つまり，直流電力を交流電力に変換して電源に供給できる（これを**電源回生**という）．PWM コンバータは単なる整流回路でなく，交流回路と直流回路の間で双方向の電力のやり取りが可能な回路である．

8.3.2 PFC 回路

PFC[4] 回路は総合力率を改善するための回路である．PFC 回路を**図 8.11** に

4 Power Factor Correction，力率改善

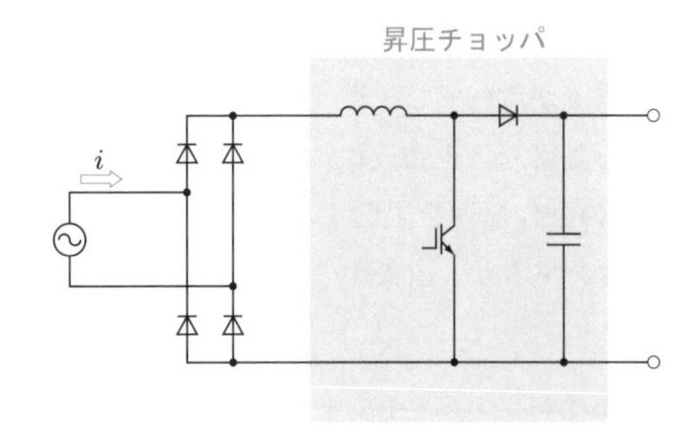

図 8.11　PFC 回路

示す．全波整流回路の後段に昇圧チョッパが接続されている．昇圧チョッパのオンオフにより整流回路に入力する交流電流の増減を調節できるので，電流波形を正弦波に制御することができる．

PFC 回路はスイッチングのためのパワーデバイスを一つ追加するだけで実現できる（これを 1 石式とよぶ）．しかし，パワーデバイスのピーク電流が平均電流に比べかなり大きくなってしまう．そのため，あまり大容量では使われない．さらに，直流から交流への電力変換（電源回生）はできない．

8.4　パワエレ機器の力率

力率について，第 3 章では正弦波の電圧と電流の位相差により生じ，力率は $\cos\theta$ で表されると述べた．また，正弦波電圧と正弦波電流の位相差 θ を力率角と呼んだ．しかし，インバータなどのパワエレ機器でスイッチングにより波形を調節する場合，スイッチングにより波形は正弦波ではなくなり，高調波を含んでいる．そのため，単なる電圧と電流の位相差ではなく，高調波も考慮した**総合力率**を考える必要がある．

8.4.1　総合力率

総合力率 PF は，皮相電力 S と有効電力 P の比率と定義される．総合力率を考える場合，皮相電力には高周波が含まれることを考慮しなくてはならない．

波形に高調波を含む場合，電圧，電流をフーリエ級数展開し，次数ごとの成分を考える．フーリエ級数展開するとは，**図 8.12** に示すように，ある周期をもつ波形を周波数の異なる正弦波の合成と考えることである．

フーリエ級数に展開すると電圧，電流は次のように表される．

$$v(t) = V_0 + \sum_{n=1}^{\infty} \sqrt{2} V_n \sin(n\omega t + \theta_n)$$

$$i(t) = I_0 + \sum_{n=1}^{\infty} \sqrt{2} I_n \sin(n\omega t + \theta_n - \varphi_n)$$

ここで，V_0, I_0 は電圧，電流の直流分，V_1, I_1 は電圧，電流の**基本波** $(n = 1)$ の実効値，$n \geq 2$ の各成分が**高調波**を表している．また，θ_n は各次数成分の位

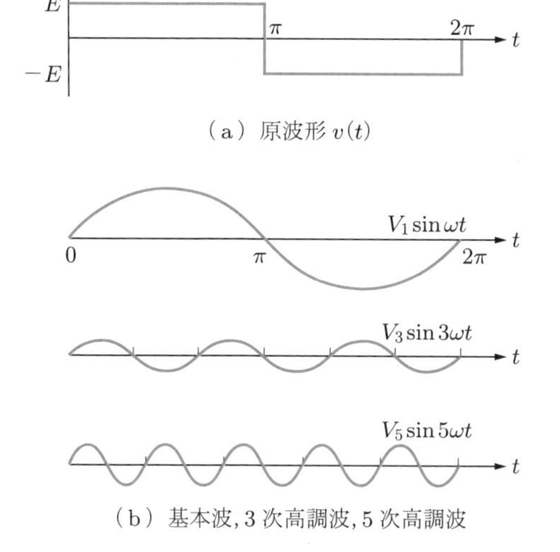

（a）原波形 $v(t)$

（b）基本波, 3 次高調波, 5 次高調波

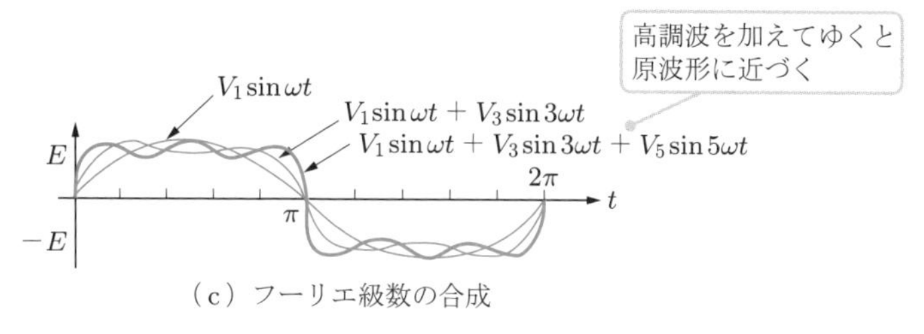

（c）フーリエ級数の合成

図 8.12 フーリエ級数による波形の展開

相であり，φ_n を各次数成分の力率角としている．なお，横軸を周波数 ω（または次数 n）とし，縦軸にフーリエ係数（または高調波の大きさ V_n，I_n）として表したものがスペクトルである．

フーリエ級数で表したとき，高調波を含んだ電圧，電流の実効値 V_{rms}，I_{rms} は次のように表される．

$$V_{\mathrm{rms}} = \sqrt{\frac{1}{T}\int_0^T v(t)^2 dt} = \sqrt{V_0^2 + V_1^2 + V_2^2 + \cdots}$$

$$I_{\mathrm{rms}} = \sqrt{\frac{1}{T}\int_0^T i(t)^2 dt} = \sqrt{I_0^2 + I_1^2 + I_2^2 + \cdots}$$

この式の意味するところは，実効値は高調波をすべて含んでいるということである．このとき，有効電力 P は次のように表される．

$$P = \frac{1}{T}\int_0^T p(t)dt = \frac{1}{T}\int_0^T v(t)i(t)dt = V_0 I_0 + \sum_{n=1}^{\infty} V_n I_n \cos\varphi_n$$

要するに，有効電力は各次数の電圧電流から求められるということである．たとえば，電圧または電流のいずれかが正弦波で，他方が高調波を含んでいるとする．つまり，いずれか片方が正弦波で高調波を含まないとき，高調波の有効電力はゼロであり，有効電力 P は基本波成分だけで決まるということである．高調波が有効電力とならないということは，高調波により無効電力が生じるということである．パワエレの場合，電圧または電流のいずれかがほぼ正弦波であることが多いので，高調波による無効電力が生じることを考慮する必要があることが多い．

また，皮相電力 S は次のように表される．

$$S = V_{\mathrm{rms}} I_{\mathrm{rms}}$$

したがって，総合力率 PF は皮相電力 S と有効電力 P の比率なので，次のように定義される．

$$PF = \frac{P}{S} = \frac{P}{V_{\mathrm{rms}} \cdot I_{\mathrm{rms}}}$$

パワエレの場合，総合力率はどの程度高調波を含んでいるかの指標として使われる．これについては次項で述べてゆく．

8.4.2　整流回路の入力波形

整流回路の用途は交流電力を直流電力に変換することである．したがって，直流の出力電圧電流の特性が主要な性能である．しかし，商用電力を利用するという点では，入力力率も性能として考える必要がある．入力力率は，前項で述べたように電圧，電流に含まれる高調波を考慮した総合力率を考える必要がある．そこで，各種の整流回路の入力電流波形を説明してゆく．

ここでは整流回路に入力するのが商用電源の場合を考える．商用電源が入力する場合，電圧波形は正弦波である．つまり，商用電源から供給される電圧は基本波成分のみであり，高調波成分はゼロである．したがって，高調波による有効電力はゼロとなり，商用電源で消費する有効電力を考える場合は基本波成分のみを考えればよい．

まず，図 8.6 に示したコンデンサ入力型整流回路を取り上げる．コンデンサ入力型では，図 8.7 に示したようにコンデンサの充電期間のみ入力電流が流れる．このときの交流電流波形は**図 8.13** に示すようにパルス状の交流波形になる．パルス幅はコンデンサの充電期間であり，負荷に流れる直流電流が大きいほどコンデンサ電圧が低下するので，パルス幅は長くなる．

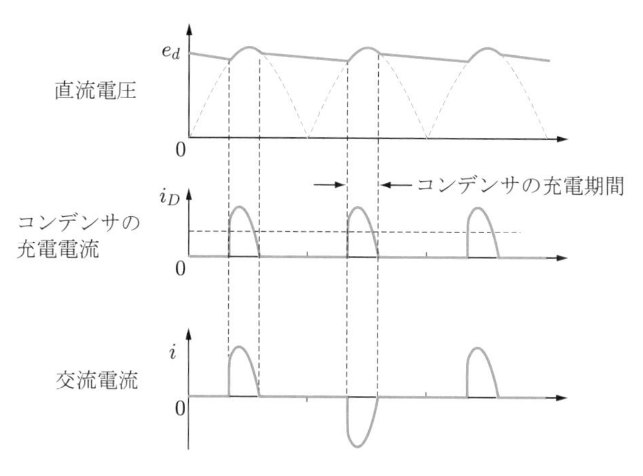

図 **8.13**　コンデンサ入力型整流回路の電流波形

ここで，簡単化のために電流波形をパルス幅が最も長い 180 度導通の矩形波として考える．このときの電流波形とスペクトルを**図 8.14** に示す．基本波成分の振幅を基準に，各高調波の振幅を相対値で表している．波形の対称性から偶数次の高調波は消滅し，奇数次の高調波のみ出現する．図からわかるように 3 次成分の振幅は 1/3 であり，5 次成分の振幅は 1/5 である．各成分の振幅は次数分の 1 となる．このことは，たとえば 50 Hz の商用電源で基本波が 10 A のとき，150 Hz（3 次成分）の高調波電流は 3.3 A 含まれ，250 Hz（5 次成分）の高調波電流は 2 A 含まれていることを表している．なお，実際の電流波形は負荷状態によりパルス幅は変化する．

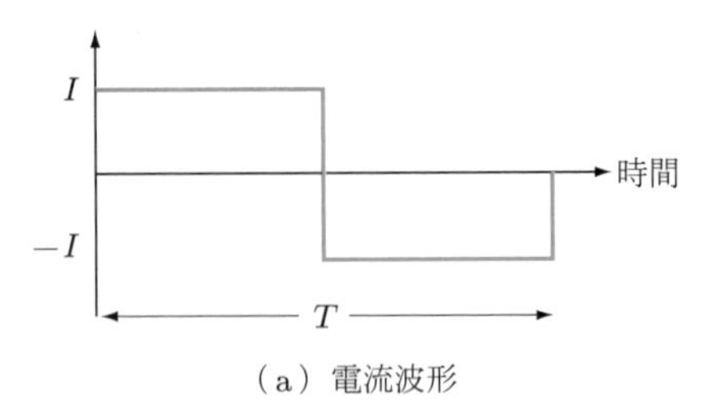

（a）電流波形

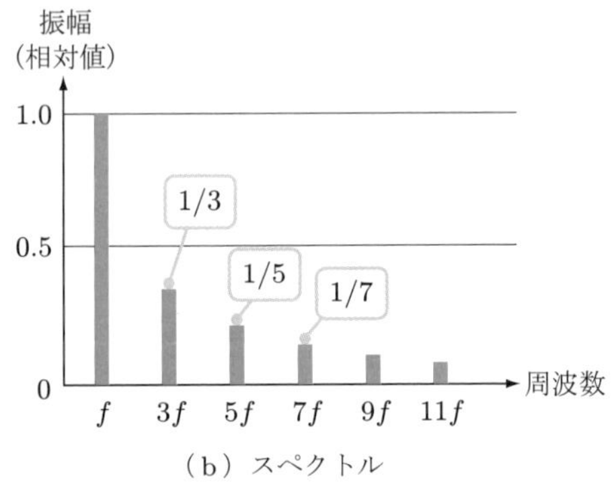

（b）スペクトル

図 8.14　矩形波のスペクトル（180 度導通）

次に，三相整流回路の交流側電流について述べる．図 8.5 に示したのは平滑回路のない場合の電流波形である．三相整流回路でもコンデンサ入力型，チョーク入力型により直流を平滑化する．**図 8.15** に実際のコンデンサ入力型三相整流回路の交流電流の波形とそのスペクトルを示す．高調波の振幅は次数に従っ

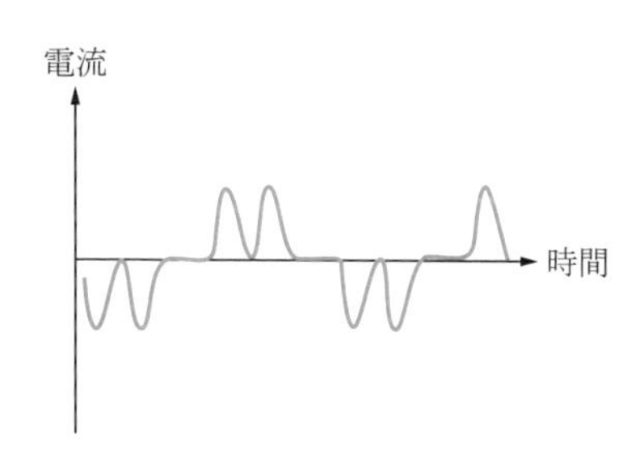

（a）交流入力波形(負荷が小さいとき)

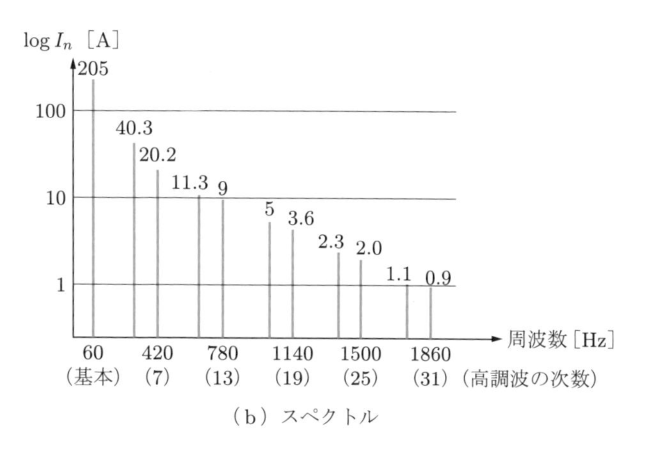

（b）スペクトル

図 8.15 三相全波整流回路の入力電流

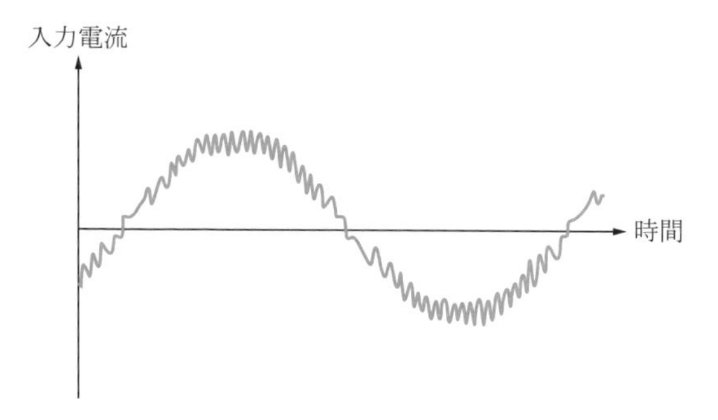

図 8.16 PFC 回路の入力電流波形 ($f_s = 2.5$ kHz)

て低下してゆく．また，三相の対称性から，3 次，6 次などの $3n$ 次の高調波は消滅している．

PWM コンバータや PFC 回路を使った場合，電流波形は電圧と同位相の正弦波に制御される．そのため，総合力率はほぼ 1 となる．PFC 回路により制御された入力の交流電流の波形を**図 8.16** に示す．このとき，PFC 回路のスイッチング周波数は 2.5 kHz であり，それほど高くないが，この波形でも総合力率は 0.99 である[5]．スイッチング周波数を高くすればさらに正弦波に近づいてゆく．

COLUMN 変圧器

変圧器（トランスフォーマー）は鉄心に二つ以上のコイルを巻いたものです．変圧器には，コイルを流れる交流電流の作り出す磁界の電磁誘導によってコイル間で電力を伝送する機能があります．

変圧器を**図 C.3** のような構成で考えます．変圧器は入力を 1 次，出力を 2 次と呼びます．1 次コイルの巻数を N_1，2 次コイルの巻数を N_2 とします．1 次コイルに交流電圧 v_1 と，v_1 を印加したとき 2 次コイルに現れる電圧 v_2 との関係は次のようになります．

$$v_1 = \frac{N_1}{N_2} v_2$$

この N_1/N_2 を巻数比と呼び，変圧器の入出力電圧の関係は巻数比により決まります．

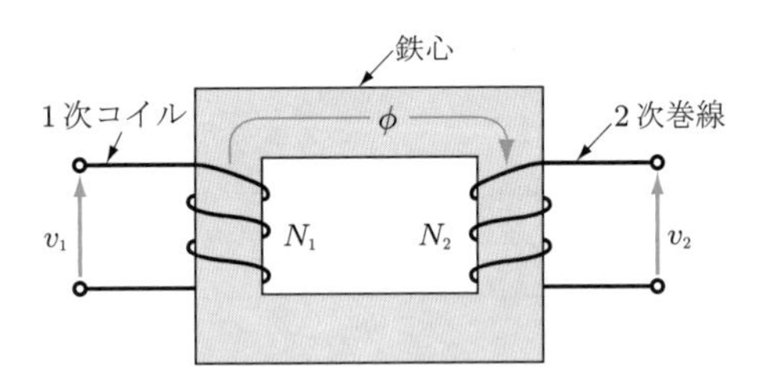

図 C.3　変圧器

変圧器は巻数比により交流電圧を上げたり下げたりすることができます．

5　商用電源での力率は 40 次までの高調波により求めることになっているので，2.5 kHz の周波数成分は高調波として算入されない．

変圧器はモータや発電機とは異なり，エネルギ変換はしません．入出力とも電気エネルギであり，電力を伝送するだけです．

変圧器が理想的で，損失がないと考えると，１次，２次の電力が等しくなるので，次の関係が得られます．

$$v_1 i_1 = v_2 i_2$$

このことは，同じ電力ならば電圧が高いほど電流が少なくなるということを表しています．高電圧にすればするほど電流が小さくなり，ジュール熱も小さくなるので，高圧線で送電するのです．

交流－交流変換

本章では，交流電力を他の形態の交流電力に直接変換する交流－交流変換について述べる．交流－交流変換のうち，交流電力調整とは，周波数は変更せず，電圧または電流のみ調節する電力変換である．周波数変換とは，直流に変換することなしに交流を別の周波数の交流に直接変更する電力変換である．

9.1　交流電力調整

交流電力調整とは，交流の周波数は変更せずに，電力のみを調整する電力変換である．電力を調節するために電圧を制御する．そのためにサイリスタを用いる．

サイリスタはオンのみ制御できるパワーデバイスである．電圧の極性が逆になるとダイオードとして動作してオフする．サイリスタの図記号を**図 9.1** に示す．ダイオードに制御用のゲート G を追加したものと考えればよい．アノード A，カソード K 間に順方向電圧がかかってもダイオードと異なりオンしない．順方向電圧がかかった状態でゲート G に電流を流すとオンとなり，アノード・カソード間に電流が流れる．オン状態でもアノード A にマイナス，カソード K にプラスの逆方向電圧がかかるとオフしてしまう．

サイリスタによる電圧制御の原理を**図 9.2** により説明する．図 (a) に示すよ

図 **9.1**　サイリスタの図記号

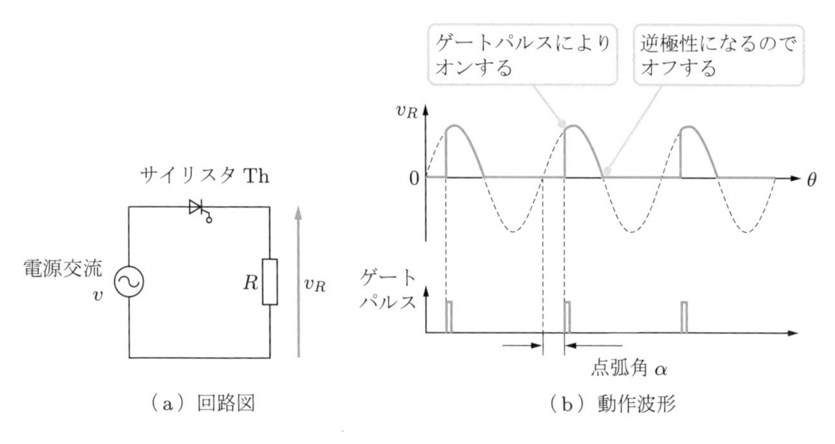

図 9.2　サイリスタの動作原理

うに，正弦波の交流電源と抵抗 R の間にサイリスタが挿入されている．この回路で，交流電圧のプラスの期間のある位相 α ごとにサイリスタのゲートにパルス電流を流すと，サイリスタがオンする（点弧という）．このときの α を点弧角と呼ぶ．交流電圧がマイナスになると，サイリスタはオフする．したがって，図 (b) に示すように，正弦波のある位相期間だけ抵抗 R に電圧がかかるようになる．

サイリスタで交流電力を調整するには，二つのサイリスタを**図 9.3** に示すように逆並列に接続する．この回路は交流電力調整回路と呼ばれる．二つのサイリスタを交互に点弧すれば交流電圧の正負とも制御できるようになる．このとき，出力電圧 v_R の平均値 V_R は電圧波形の面積である．たとえば $\alpha = 90°$ とすれば出力電圧の平均値を 1/2 にすることができる．それにより抵抗 R の消費電力が調節できる．このような用途のために，二つのサイリスタを逆並列に接続し一体化したパワーデバイスは，トライアック（双方向性サイリスタ）と呼ばれる．

このような電力調整は，サイリスタの点弧角の位相を制御するので**位相制御**と呼ばれる．照明の調光やヒータの制御などに用いられる．

なお，サイリスタはオンのみ制御可能なダイオードなので，交流を整流する機能がある．整流回路のダイオードをサイリスタにすれば，交流を直流に整流

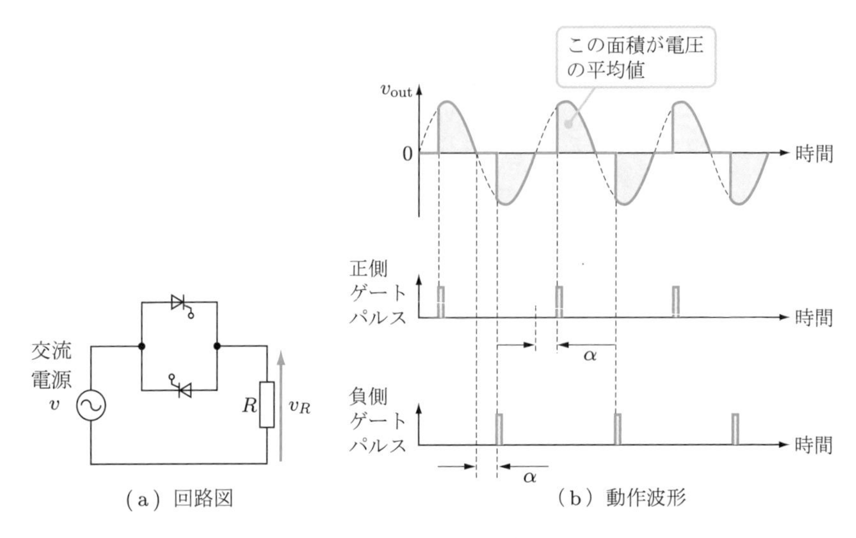

図 9.3 交流電力調整回路の動作

し，同時に直流電圧を制御することも可能である．そのような回路は直流モータの制御用を目的として過去には広く使われた．サイリスタレオナード方式と呼ばれる．しかし，サイリスタはオンするときに急減に電圧が立ち上がるため，交流電圧にサージが現れ，また交流電流の高調波が大きいことなど，交流電源側への影響が大きい．さらに，直流モータが交流モータに置き換わっているため，サイリスタレオナード方式はあまり使われなくなっている．

9.2 直接周波数変換

三相交流から直接，別の周波数の三相交流に変換する直接周波数変換の原理を**図 9.4**(a) に示す．この回路は 9 個のスイッチから構成される．図 (a) の 9 個のスイッチを並べ換えると図 (b) のようになる．スイッチが 3 行 3 列の行列（マトリクス）状に並んでいるのでマトリクスコンバータと呼ばれている．

三相交流の特徴は，いずれの瞬時にもいずれかの相には電圧があるということである．したがって，出力すべき線間電圧の大きさに応じて，その位相期間に必要な電圧に近い値の入力電圧のいずれかの相を一つ選んで出力すればよい．

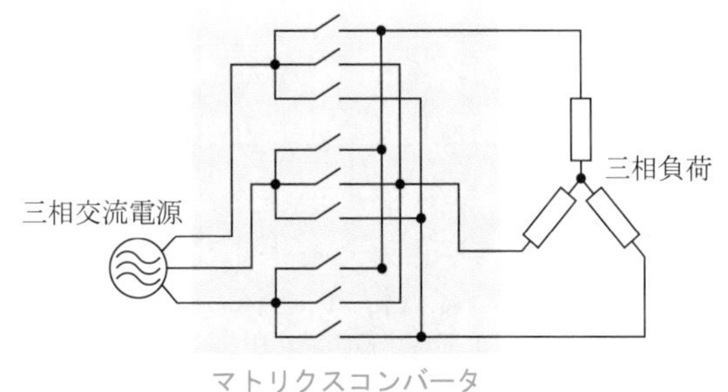

（a）直接周波数変換の原理

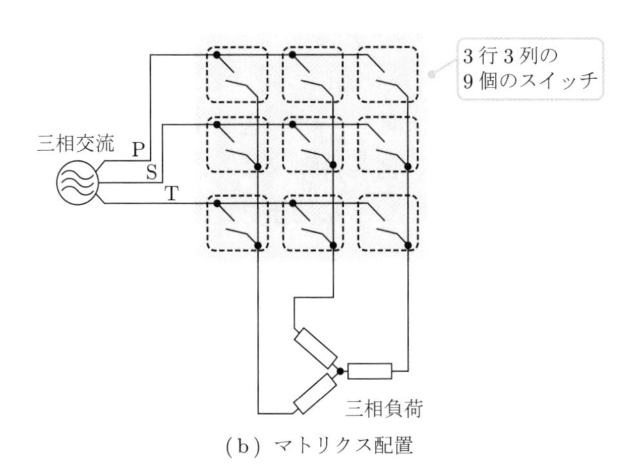

（b）マトリクス配置

図 9.4　マトリクスコンバータ

さらにその位相期間内に高速スイッチングを行って PWM 制御すれば，出力の線間電圧を正弦波に近似できる．

マトリクスコンバータの動作原理を**図 9.5** に示す．図は単純化のために，三相交流から単相交流への変換を示している．入力の三相交流の線間電圧には V_{RT}, V_{SR}, V_{TS}, V_{RS}, V_{TR}, V_{ST} の 6 種類がある．これらのいずれかを選択して出力の線間電圧とする．この図ではスイッチング周波数を入力の三相交流の 6 倍の周波数として，その期間の選択の変化を示している．このようにして得られた出力電圧は，入力周波数の 6 倍の周波数のリプルをもつ低周波の交流となる．

マトリクスコンバータは高速でスイッチングし，さらに PWM 制御によりパ

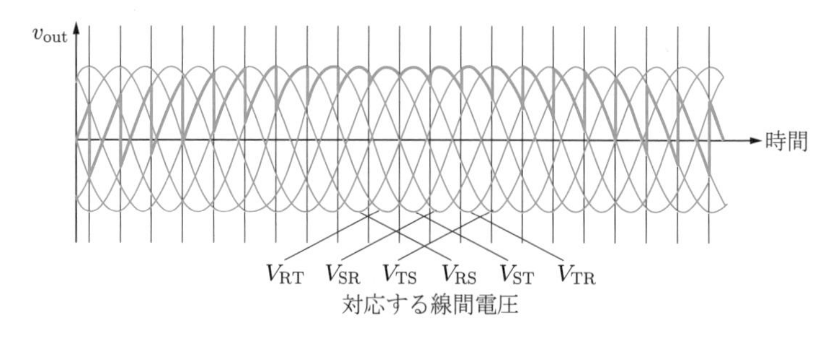

図 9.5　マトリクスコンバータの動作原理

ルス幅を調節することにより所要の周波数，電圧の正弦波を合成する．ただし，マトリクスコンバータは正負の線間電圧に対応するため，双方向に導通可能なスイッチを使う必要がある．双方向スイッチは**図 9.6** のように構成される．通常の IGBT は逆耐圧が低いため，図 (a) に示すように逆耐圧を分担するダイオードが必要である．近年開発が進んでいる逆阻止 IGBT を用いれば，図 (b) のように実現できる．

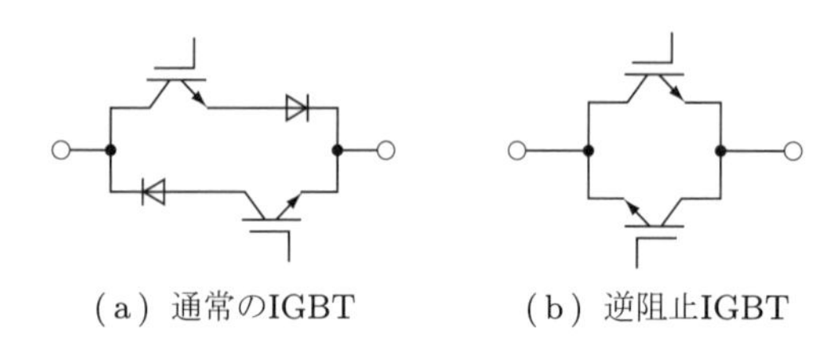

図 9.6　双方向スイッチの例

実は，図 9.5 の波形はサイリスタを使った**サイクロコンバータ**による直接周波数変換の動作を示している．サイクロコンバータの原理はマトリクスコンバータとまったく同じである．しかし，サイクロコンバータはサイリスタを用いているため，高速でオンオフすることができない．また，サイリスタは双方向スイッチとして動作できない[1]．そのため，三相から三相を直接変換するためには 36 個のサイリスタが必要となる．

インバータを使えば交流を別の周波数に変換できる．しかし，入力が交流の

1　サイリスタは外部の極性によりオフするため，電流方向ごとの別回路が必要である．

場合，交流を直流に変換して，さらに交流に変換しなくてはならない．すなわち 2 回の電力変換を行う（間接電力変換と呼ぶ）．そのため，それぞれの変換で損失が生じる．マトリクスコンバータは 1 回の変換だけなので損失が少ないという利点がある．さらに，インバータの直流回路にはコンデンサが必要である．整流回路の平滑に使われる電解コンデンサは時間とともに特性が劣化してゆく．マトリクスコンバータは直流回路の電解コンデンサが不要であり，寿命の点でも優位であるといわれている．

COLUMN いろいろな交流

交流には様々な形態があります．第 3 章で述べた単相，三相のほか六相などの相数も使われることがあります．

また，交流の周波数はわが国では東日本で 50 Hz，西日本で 60 Hz が使われています．諸外国では，いずれかの周波数に統一している場合が多いようです．このほか，航空機の内部では 400 Hz，鉄道用で 16.66 Hz などが使われることもあります．さらに，パワエレを使えば 10 kHz 以上の高周波の交流に変換できるので，高周波の交流が IH ヒータや蛍光ランプなどで使われています．

電圧もいろいろあります．われわれの家庭のコンセントに供給されている交流は単相 100 V です．家庭には同時に単相 200 V の交流も供給されています．電柱から各家庭への引き込み線は**図 C.4** のように供給されているのです．このような交流の方式を単相三線式交流と呼んでいます．一般的にはアカ，シロ，クロの電線が使われており，図で中央のシロ線は接地相と呼ばれて，アースに接続されています．このシロ線とアカ，クロを組み合わせれば 100 V の配線ができます．また，両端のアカとクロの 2 本を使えば 200 V の

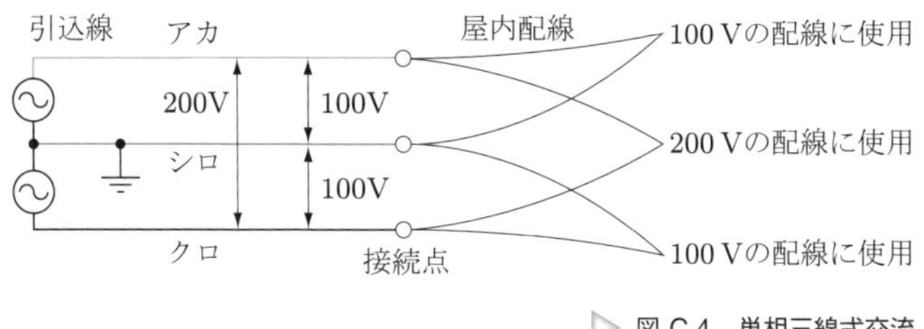

図 C.4 単相三線式交流

配線ができます．このような単相三線式交流は電灯線と呼ばれ，各家庭の屋内にあるブレーカーボックスまで配線されています．

一方，動力線と呼ばれている商用電力は三相 200 V の交流です．このほか，工場などでは 400 V の三相交流が出力の大きいモータやヒータなどに使われています．このような 600 V 以下の交流電圧は低圧電力と呼ばれ，私たち（電力会社は需要家と呼びます）が一般的に使っている交流です．

これよりも電圧が高いものは高圧電力と呼ばれます．高圧電力とは 600 V から 7,000 V の範囲を指します．高圧電力として使われる電圧の代表的な電圧に 6,600 V があります． 6,600 V の高圧電力は街中の電柱までの配電に使われています．各家庭の近くの電柱に取り付けられている柱上変圧器によって 100 V と 200 V の単相三線式交流に変換して家庭に引き込まれているのです．また，ビルや工場では 6,600 V を直接受電して使用しています．このような高圧電力が使われる理由は，電力が同じでも，電圧が高ければ電流が小さくなるので，ジュール熱によるロスが少なくなること，また，電流が小さくなるので細い電線が使えるようになることです．

7,000 V 以上の電圧を特別高圧電力と呼んでいます．特別高圧電力は発電所から変電所などへの送電に使われます．特別高圧電力には 6 万 6 千 V，15 万 4 千 V， 50 万 V などがあります．

パワエレの応用

本章ではパワエレがどんなところで，どのように使われているかを述べる．パワエレの用途で最も多いのがモータの制御である．現在使われているモータのほとんどは交流モータである．パワエレの交流モータへの応用とは，すなわち，インバータでモータを駆動制御することである．
そのほか，当たり前のように広くパワエレが利用されているのが電源である．すべての電子機器にはパワエレを使った電源回路が含まれており，電子機器はパワエレなしには動かないのである．また，電力の世界でも，風力発電や太陽光発電はパワエレなしには交流が利用できない．送電にも直流送電というパワエレを使うことを前提とした送電が行われるようになってきている．

10.1　モータの駆動原理

モータの原理は，**図 10.1** に示すように**フレミングの法則**で説明することができる．フレミングの左手の法則は磁界中の導体に電流を流すと発生する力の方向を示している．この力によりモータがトルクを発生する．

$$F = B \times I \times l$$

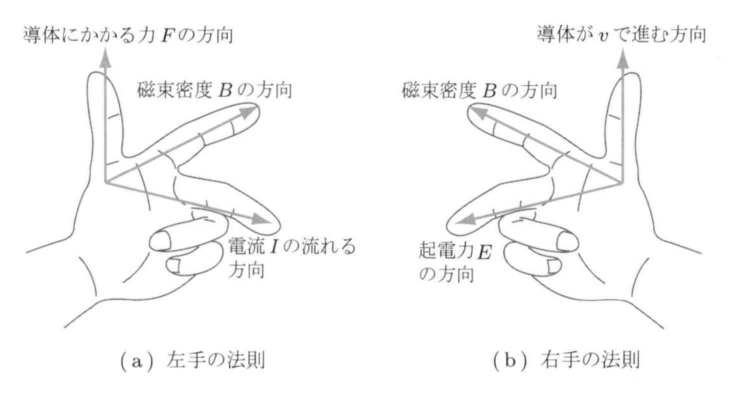

図 **10.1**　フレミングの法則

ここで，F：力，B：磁束密度，I：電流，l：導体の長さである．

一方，フレミングの右手の法則は，磁界中を導体が動くと生じる起電力の方向を示している．これは発電機の原理と理解されているが，実はモータが回転することによりこの起電力が常に生じている．

$$E = B \times l \times v$$

ここで，E：起電力，v：接線速度（回転数に比例する）である．

この二つの物理現象からモータの基本式が導かれる．

$$T = K_T I$$

$$E = K_E \omega$$

ここで，K_T：トルク定数，K_E：起電力定数，ω：回転数 [rad/s] である．この式から，モータの発生するトルクは電流に比例することがわかる．また，モータの回転により発生する誘導起電力（**速度起電力**と呼ばれる）は回転数に比例することもわかる．

すなわち，モータの**トルクを制御するには電流を制御する必要がある**．しかし，回転数に比例して速度起電力が大きくなるので，回転数に応じて電圧を高くしないと電流が流れない．**図 10.2** に示すように，外部からモータの端子に加わる端子電圧 V が速度起電力 E より高いとき，外部からモータへ電流が流れ込む．モータ電流の大きさは V と E の差により決まる．図に示すように V と E の差がモータコイルにかかる電圧になるので，オームの法則から電流が決まる．つまり，モータの**回転数に応じて電圧を制御する必要がある**．

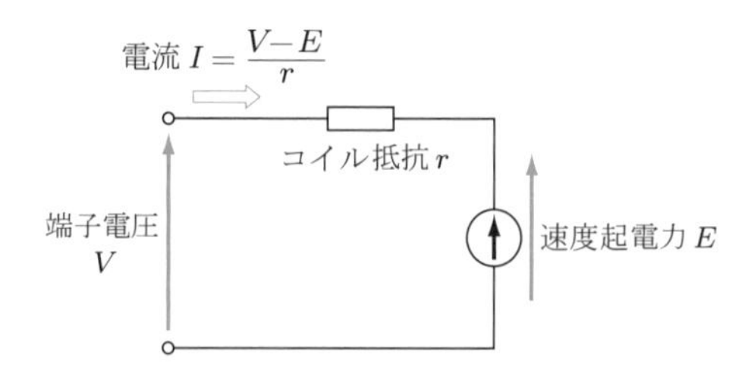

図 10.2　モータ制御の原理

さらに，交流モータは周波数に対応した回転数で回転するので，交流モータを駆動する場合，交流電流の周波数も制御する必要がある（10.2.3 項参照）．

10.2　いろいろなモータの制御

モータは，直流モータと交流モータに分類できる．ここではそれぞれについてどのように制御しているかを述べる．

10.2.1　直流モータ

直流モータは外部から直流電流を流すことにより回転するモータである．モータ内部には静止しているブラシと呼ばれる電極と，コイルにつながる整流子と呼ばれる回転する電極がある（**図 10.3**）．ブラシと整流子は接触しながら回転している．ブラシは電源のプラスまたはマイナスに接続されている．整流子の回転によりコイルを流れる電流の方向が切り替わる．

直流モータの電圧と電流の関係は次のように表される．

$$I = \frac{V - K_E\omega}{r}$$

$$T = K_T I$$

ここで，r：コイル抵抗である．

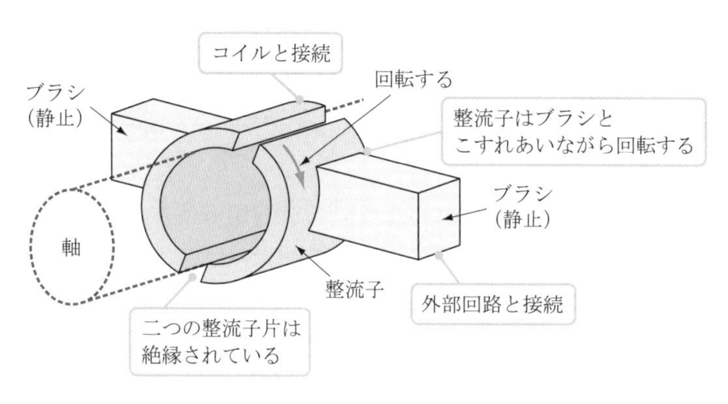

図 10.3　ブラシと整流子

10
パワエレの応用

この式から，**図 10.4** に示すようなモータのトルク特性（トルク T と回転数 ω の関係）が得られる．この図は，電圧を変更すれば回転数が制御できることを表している．モータで駆動する負荷（ファンやポンプなど）の回転数は，負荷が必要とするトルクとモータが発生するトルクが等しくなる回転数で回転する．すなわち，電圧を制御することにより，モータが駆動する負荷のトルク特性に応じてモータの回転数が変化する．また，直流モータの基本特性としてトルクは電流に比例するので，電流を制御すればトルク制御ができる．すなわち，直流モータは直流電圧を調節するだけで回転数またはトルクが制御できる．

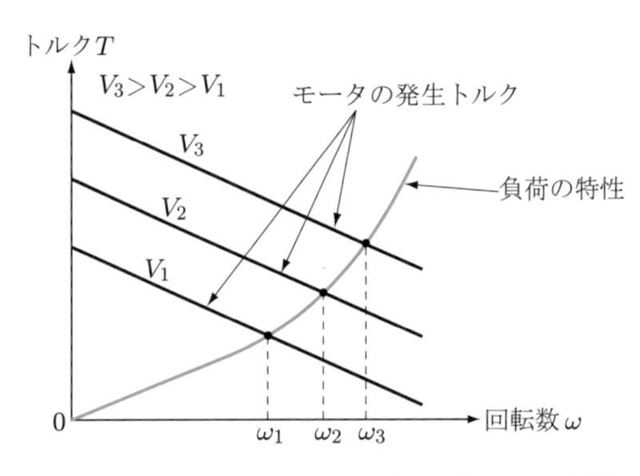

図 10.4　直流モータのトルク特性

直流モータを制御するパワエレの例を**図 10.5** に示す．最も簡単に直流モータを制御する場合，図 (a) に示すように降圧チョッパを用いる．これによりモータの電圧が調節できるので，制御が可能になる．直流電源の電圧がモータの必要とする電圧より低い場合は昇圧チョッパを用いればよい．図 (a) のような場合，モータの電圧のプラスマイナスは一定なので，モータは一方向しか回転できない．

モータの回転を正逆に切り替えるためには，図 (b) に示す H ブリッジ回路を使用する．H ブリッジ回路をチョッパとして動作させれば電圧の調節も可能なので，回転数またはトルクが制御可能である．

直流モータは直流電圧を調整するだけで回転数が制御できるため，長い間，制御用モータとして広く使われてきた．また，直流電源があれば回転可能なの

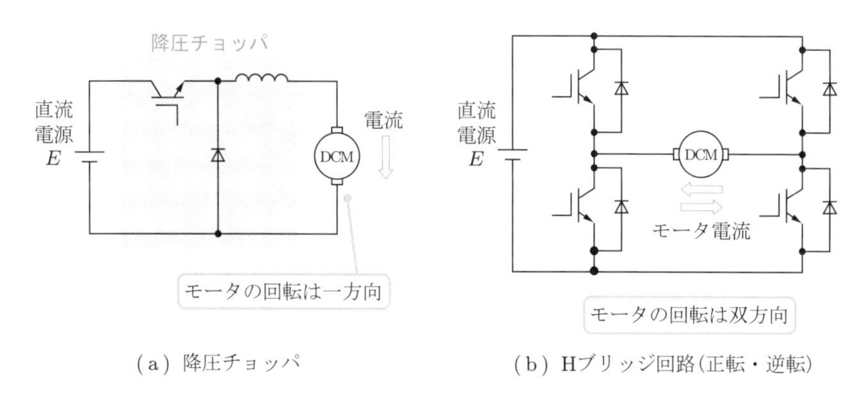

（a）降圧チョッパ　　（b）Hブリッジ回路（正転・逆転）

図 10.5　直流モータの制御

で，システムとして手軽であることもその特徴である．しかし，直流モータにはブラシと整流子が必要であり，ブラシが回転により摩耗するので，比較的寿命の短いモータである．長期間使用するためにはブラシの定期的な交換が必要であった．このようなことから直流モータの使用が減少してきている．現在では，小型の低電圧，小出力の直流モータのみが広く使われている．たとえば，自動車では搭載されている 12 V バッテリでモータが駆動されるので，ワイパーやパワーウィンドウなどの補機には数多くの直流モータが使われている．

過去には数多く使われた直流モータであるが，小容量では次に述べるブラシレスモータが使われることが多くなってきており，中容量（数 100 W 以上）では交流モータが使われることが多くなってきている．

10.2.2　直流ブラシレスモータ

直流モータの大きな欠点は，回転によりブラシが摩耗してしまうということにある．一方，パワエレを利用した直流ブラシレスモータは，ブラシと整流子による電流方向の切り替えを電子回路により行うモータである．**図 10.6** に示すようにスイッチによりモータコイルを流れる電流の方向を切り替える．

直流ブラシレスモータは固定子にコイルがあり，永久磁石の回転子が回転する構造になっている．コイルを流れる電流の方向を回転する永久磁石の NS の極性に応じて切り替える．そのために NS の磁極が検出できるセンサが必要で

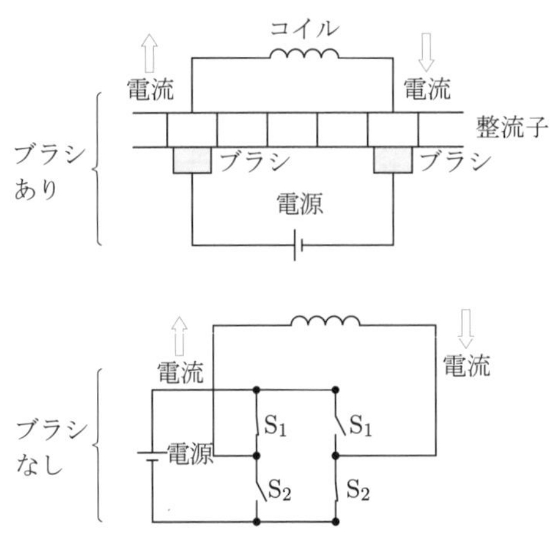

図 10.6　ブラシのスイッチへの置き換え

ある．磁極の位置に応じて電流の方向を切り替える回路はパワエレ回路である．このパワエレ回路に外部から供給するのは直流電圧である．つまり，直流ブラシレスモータは，外部から見れば直流モータと同じように扱うことができる（**図 10.7**）．このように考えると，直流ブラシレスモータの特性は前項で説明した直流モータとほぼ同じと考えてよい．

直流ブラシレスモータは現在広く使われている．ドローンのモータはすべて直流ブラシレスモータである．そのほか，多くの AV 機器や情報機器でも使われている．最近見かける，家庭用の扇風機で DC モータと呼ばれている製品は，直流ブラシレスモータを使うことを特徴とした製品である．

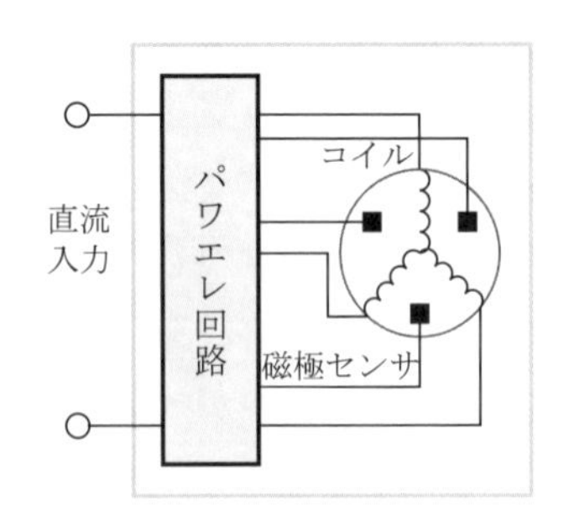

図 10.7　直流ブラシレスモータ

10.2.3　交流モータの制御

パワエレの進歩により，パワエレで交流モータを制御することが容易になった．それだけでなく，モータの技術も進歩してきている．そのため，1970 年代から交流モータが広く使われるようになってきた．

交流モータは大別すると，回転数が交流電流の周波数に正確に比例する同期モータと，周波数に比例する回転数よりやや低い回転数で回転する誘導モータがある．いずれのモータの回転数も電流の周波数に対応して変化する．

同期モータの回転数は次のように表される．

$$N = \frac{120f}{P}\,[\mathrm{min}^{-1}]$$

ここで，N：毎分回転数 $[\mathrm{min}^{-1}]$，P：モータの極数[1]，f：電流の周波数 [Hz] である．たとえば，4 極のモータを 50 Hz で駆動する場合，回転数は 1500 min^{-1} である．これを同期回転数[2]という．

誘導モータの場合，同期回転数よりやや低い回転数で回転する．同期回転数と実回転数の差を比率で表し，滑りと呼んでいる．滑り s を使うと誘導モータの回転数は次のように表される．

$$N = \frac{120f}{P}(1-s)\,[\mathrm{min}^{-1}]$$

交流モータを制御するにはインバータを用いる．インバータの出力する交流電流は，回転数に対応する周波数である．そのうえで電流または電圧を制御する．さらに，同期モータの場合は，交流電流の位相をモータの回転位置に対応させるための**ベクトル制御**が必要である．

交流モータを制御するインバータの例を**図 10.8** に示す．図 (a) に示すのは同期モータ，誘導モータのいずれにも使われるベクトル制御である．ベクトル制御するとモータのトルクや回転数を精密に制御することができる．ベクトル制御では 2 種類のセンサが必要である．電流センサはモータの電流波形を検出し，電流の位相をフィードバック制御するために必要である．また，回転子位

1　モータの極数とはモータのコイルの構成を表す数値で，2 極，4 極などの偶数である．

2　モータの場合，回転数を速度 (speed) と呼ぶことが多い．その場合，同期速度と呼ぶ．

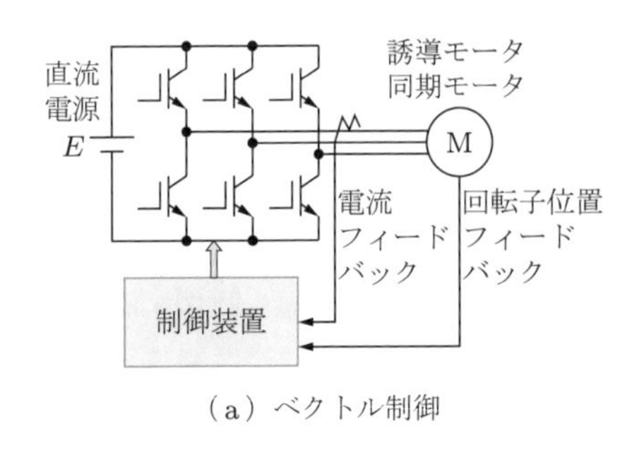

（a）ベクトル制御

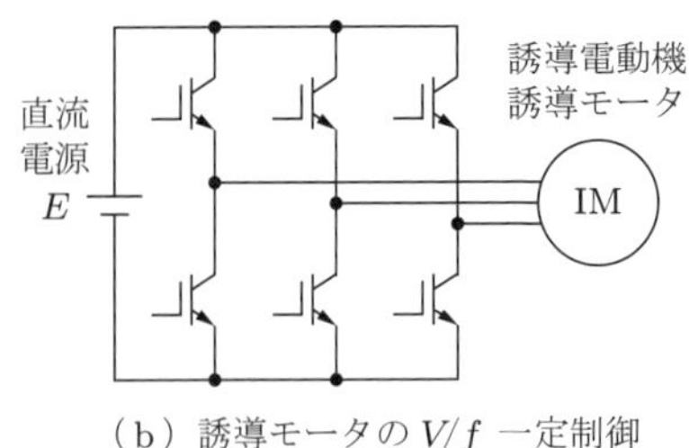

（b）誘導モータの V/f 一定制御

図 10.8　交流モータの制御

置センサはモータの回転角度を検出し，電流の位相が回転角と対応するように制御するために必要である．ベクトル制御では電流の位相とモータの機械的な回転角が常に対応するように制御している．

一方，図 (b) は誘導モータの **V/f 一定制御**と呼ばれる．誘導モータは電流位相と回転子位置が正確に対応していなくても回転する．電流の周波数と回転数は等しくなく，その差は滑りにより表される．滑りは負荷の運転状態によって勝手に変化する．そのため，回転子位置センサがなくても制御できる（オープンループ制御）．V/f 一定制御と呼ばれるのは，常に電圧と周波数の比率を一定にして制御しているからである．V/f（電圧と周波数）の比率を一定にすることにより，モータ内部の磁束が一定になる．磁束が一定なので，周波数が変化しても電流とトルクの関係がほぼ同一になる．V/f 一定制御では電流は制御しないので，負荷の大小により電流は変化する．

誘導モータの V/f 一定制御は広く使われている．誘導モータは，パワエレを使わずに商用電源で直接駆動可能なモータである．ポンプ，ファンなど電動機器はほとんどが誘導モータを使っている．このような用途では，省エネを目的としてインバータによる回転数制御が広く導入されている．それまでのファン，ポンプなどの流体機器では流量を調節するには流路中の弁やじゃま板などを使い，モータは一定回転数で運転していた．この場合，流量の低下にともないモータの負荷が軽くなるので，同一回転数でも消費電力はやや低下する．ファンポンプなどの流体機器はトルクが回転数の 2 乗で変化する特性をもっている．したがって，インバータにより流量に応じてモータの回転数を調節すればモータの入力電力を大きく低下させることができる．**図 10.9** に示すように回転数を調節して流量を 1/2 にしたとき，負荷を駆動するための必要トルクは 1/4 となるので，駆動に必要な電力も約 1/4 に低下する．ファン，ポンプ類は電力消費の大きな部分を占めており，ファン，ポンプのパワエレによる省エネルギの効果は大きい．

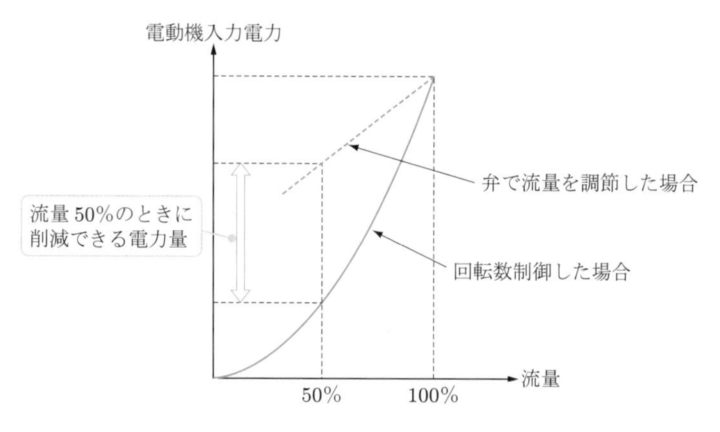

図 10.9　流体機器の回転数制御

誘導モータを制御するためのインバータは汎用インバータとして市販されている．汎用インバータは**図 10.10** に示すように，商用電源の交流を入力すれば可変電圧可変周波数 (VVVF：Variable Voltage Variable Frequency) の交流が

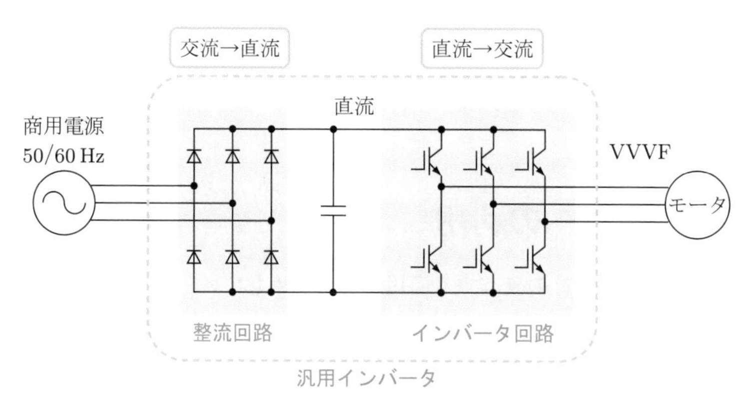

図 10.10　汎用インバータ

出力できる装置である．交流 → 直流 → 交流と 2 回の電力変換を行っている．汎用インバータを使うことにより，商用電源で駆動していた既設のモータの回転数を制御することができる．

インバータで駆動される誘導モータはかなり広い分野で使われている．家庭用の小型のものから水道設備に至る大型の各種ポンプなどの設備をはじめとし，エレベータ，エスカレータ，電車などの乗り物や洗濯機などの家電にいたるまで，産業機器や設備でモータを使う場合，ほとんどがインバータ駆動の誘導モータであると考えてよい．

一方で，永久磁石を使った同期モータは，以前は精密な制御が必要な用途に限られていた．たとえば，ハードディスクやロボットなどに使われるサーボモータである．ところが，20 世紀末に，永久磁石の性能が向上したこともあり，同期モータを使うと，高効率となり，かつモータが小型化できることが注目されるようになってきた．同期モータはベクトル制御しないと安定に回転しないので，精密な制御が不要な用途でもベクトル制御されて使われている．

電気自動車，ハイブリッド自動車などでは，モータを小型化できるので同期モータが使われることが多い．自動車のアクセルはトルク指令なので，同期モータはトルク制御される．そのためインバータは電流制御している．エアコンなどの家電品では，同期モータが低速回転で効率が高いことにより採用されている．また，充電式の家電品などでも同期モータを小型軽量化のために採用している．

現在ではモータで動くものの大半がインバータで制御されている交流モータ（誘導モータまたは同期モータ）であると考えてよいだろう．パワエレ技術（インバータ）の発展により，省エネルギで快適な機器が増加してきたのである．

10.3　電源への利用

われわれは電力会社の発電する商用電源を利用しているが，商用電源は一定周波数，一定電圧の交流である．ところが電気の利用には様々な形態があり，電圧や周波数の異なる交流や直流を利用している．そのためパワエレによる様々な電力変換が行われている．

10.3.1　直流電源

テレビ，パソコンをはじめ，すべての電子機器には直流電源が搭載されている．電子機器に使う IC は直流 5 V や 3.3 V で動作する．また，内部機器は 12 V や 24 V で動作する．そのため，商用電源で電子機器を使う場合，交流を直流に変換し，さらに所要の直流電圧に変換する必要がある．

一般的な電子機器での電力変換の構成を**図 10.11** に示す．商用電源の 100 V の交流を直流に変換する．直流はさらに電圧を変換される．この例では 12 V に降圧される．12 V が機器の内部で配線され，12 V で動作するリレーなどの部品の電源となる．プリント基板には 12 V が供給されるが，基板上のパワエレ回路で 5 V に降圧され，電圧変動が少なくなるように安定化される．パワエレ回路として降圧チョッパや絶縁型コンバータが用いられる．

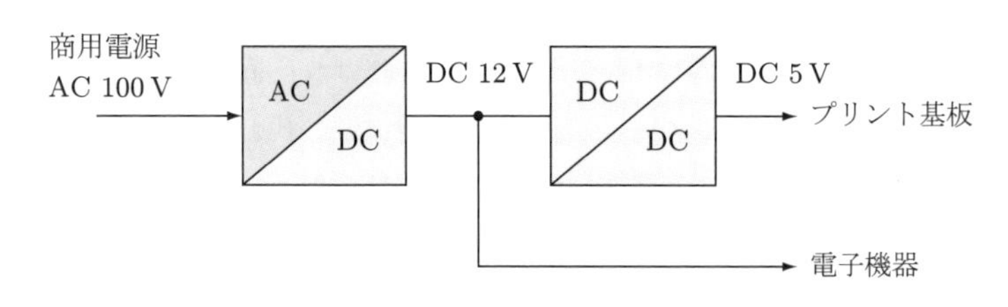

図 **10.11**　電子機器の電力変換

AC アダプタもほぼ同じような構成になっており，交流を直流に変換し，必要な電圧に安定化して供給する．LED はダイオードの一種であり，直流電流により点灯する．そのため，LED 照明機器には直流電源が内蔵されている．いまや私たちの生活にはパワエレを使った直流電源が不可欠なものとなっている．

10.3.2　充電

現代はバッテリに充電してモバイル機器を利用する時代である．モバイル機器には充電は欠かすことができない．充電はバッテリにエネルギを蓄積することであるが，充電する際にはバッテリへの充電電流の制御が欠かせない．

充電電流の制御の原理を**図 10.12** に示す．充電の初期は定電流制御を行い，後期は定電圧制御を行っている．充電電流が大きくなりすぎるとバッテリが損傷してしまうため，充電電流の上限が決められている．具体的な電流の制御方

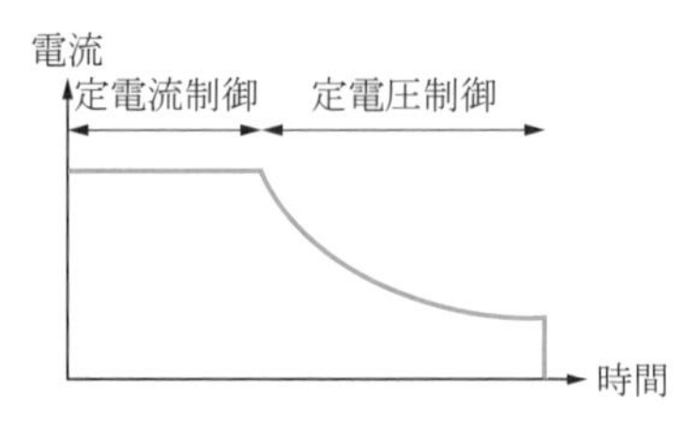

図 10.12　バッテリの充電制御

法は充電時間の短縮，電池の消耗，充電器の容量などさまざまな観点で決められる．そのため，充電器はそれぞれのバッテリに合わせて専用設計されていることが多い．

10.3.3　交流電源

パワエレによる交流電源は CVCF[3] 電源とも呼ばれ，直流の電力を定周波定電圧の交流に変換するインバータである．商用電源の代わりの独立電源として交流電力を利用するためには一定の電圧，周波数に保つように制御することが必要である．一方，商用電源と接続し，電力を商用電源に供給する場合，電力系統と協調することが必要とされる．このような技術を系統連系という．系統連系している場合には電力系統の周波数，電圧の変動に同期するように制御しなくてはならない．

太陽電池，燃料電池などの新しい発電方式は直流電力を発電するものが多い．また，バッテリをはじめとする電力貯蔵システムなどもその多くが直流電力を貯蔵するものである．たとえば，住宅用太陽電池発電システムは住宅の屋根に太陽電池パネルを取り付け，太陽の光エネルギを電力に変換するシステムである．太陽光発電用のパワエレは通称パワーコンディショナとよばれる．**図 10.13** にパワーコンディショナの回路の例を示す．太陽光の状況により発電量が変動するため，昇圧チョッパにより直流電圧を昇圧して安定化させている．パワーコンディショナの出力は単相 3 線式の 100/200 V 系統に接続されている．そのため昇圧チョッパにより直流電圧は 400 V 以上に昇圧される．インバータ出力

3　Constant Voltage Constant Frequency

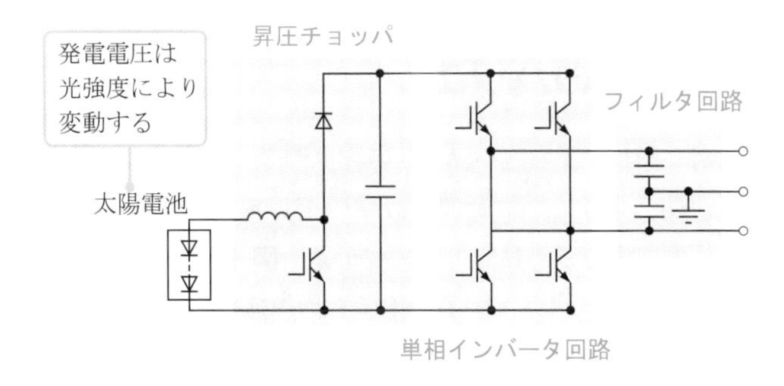

図 10.13　家庭用太陽光発電のパワーコンディショナ

にはフィルタ回路が備えられ，インバータで発生した高調波を電力線に流出させないようにしている．

無停電電源 (UPS) はコンピュータなどに接続され，商用電力の停電時に瞬時に電力を供給する．バッテリに常時電力を貯蔵し，停電になっても瞬断することなしに電力を供給する．バッテリに充電するための電流制御回路とバッテリに蓄えた電力を交流に変換するためのインバータが用いられる．

10.3.4　高周波電源

パワエレにより高周波の電力への変換も容易に行えるようになった．その例として照明用の電源がある．蛍光灯，ナトリウムランプなどの HID ランプ，ハロゲンランプなどにもインバータが用いられ，それぞれのランプの特性に合わせた周波数に変換されている．なお，LED は直流で点灯するものもあるが，高周波のパルスを用いて断続した直流電流で点灯するものもある．

また，電磁調理器（IH クッキングヒータ）は誘導加熱により鍋を発熱させて調理する機器である．高周波誘導加熱と呼ばれる．加熱コイルに高周波電力を供給し，高周波の磁界による電磁誘導により生じるうず電流で鍋の金属が発熱する．電磁誘導により生じる熱の大きさは周波数に比例するので，20 kHz 以上の高周波の交流がインバータにより変換される．

10.4　電力用のパワエレ

電力の送電網で使われているパワエレの代表的なものとして，周波数変換設備と直流送電を説明しよう．周波数変換設備は東日本の 50 Hz と西日本の 60 Hz の電力を相互に融通するために設けられている（**図 10.14**）．一方の周波数の電力を直流に変換し，インバータにより相手方の周波数に変換する．インバータには双方向に変換可能な回路が使われている．

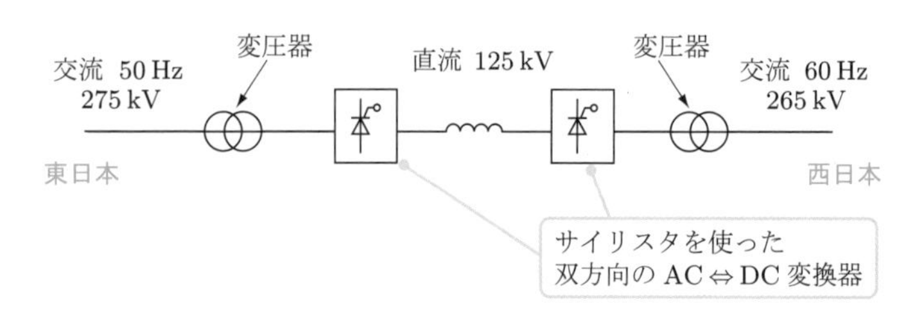

図 10.14　周波数変換設備

直流送電は，北海道－本州，本州－四国などの海底送電に使われる．海底にケーブルを敷設すると，海水の影響で交流電流の損失が大きくなる[4]．そのため，陸上に変換所を設けて，海底部分を直流で送電している（**図 10.15**）．送電後はインバータにより再度交流に変換して送電される．直流送電は，海外では

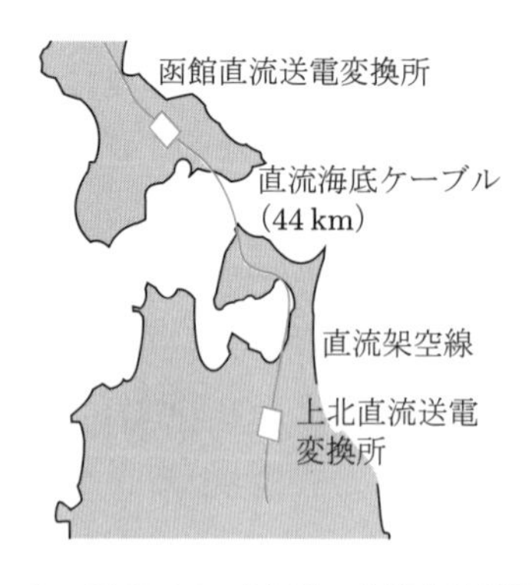

図 10.15　北海道－本州直流送電

4　海水の静電容量に起因する損失．

遠隔地の風力発電設備から長距離の送電をするために広く導入されている.

自然エネルギを利用する風力発電は交流を発電する必要がある. 当初は交流の周波数を一定にするため, 定速型風車が用いられることが多かった. しかし, 定速型は風速が低いときには発電できない. そこで, 風のエネルギを十分利用するために**可変速風車**が用いられるようになってきた.

可変速風車では風速に応じて発電する電力の周波数が変化してしまう. そのため, 発電した電力を一旦直流に変換して, さらに交流に変換している. ここにはインバータをはじめとする様々なパワエレ技術が使われている (**図 10.16**).

最後に, パワエレがどのようなところに使われているかを**表 10.1** にまとめる. この表から, パワエレはあらゆるところで使われていることがわかると思う.

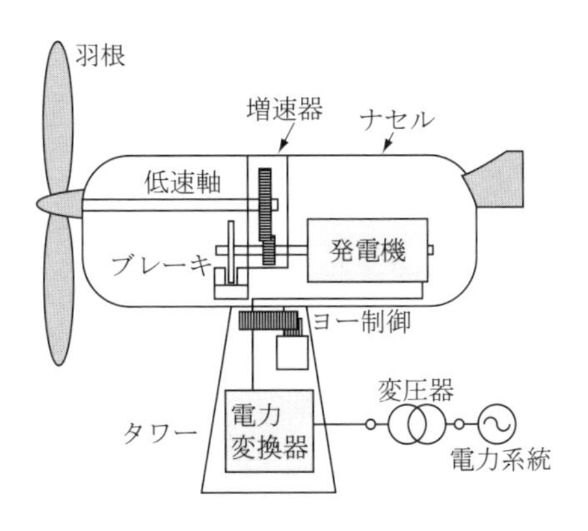

図 10.16　風力発電のしくみ

表 10.1 パワエレの広がり

領域	例	代表的な機能
家庭	エアコン，冷蔵庫，洗濯機，掃除機などの白物家電	モータ制御
	蛍光灯，LED などの照明	高周波点灯と安定化
	IH 炊飯器，IH クッキングヒーター	高周波電力制御
	CD，DVD，HDD などの情報機器	モータ制御
	ソーラーシステム	交流電力制御，系統連系
	エコキュート（ヒートポンプ給湯機）	モータ制御
	携帯電話	充電
自動車	電気自動車	モータ制御
	ハイブリッド自動車	充電制御，モータ制御
	電動パワーステアリング	モータ制御
	電動カーエアコン	モータ制御
ビル・公共施設	エレベータ，エスカレータ	モータ制御
	非常用電源，通信用電源	CVCF 電源
	移動式スタジアム	モータ制御
	水道ポンプ，排水ポンプ	モータ制御
	空調，換気	モータ制御
鉄道	電車，機関車	モータ制御
	照明・空調用補助電源 (SIV)	直流交流変換
	変電所	交流直流変換
工場・産業	ロボット，サーボモータ	モータ制御
	鉄鋼圧延機	モータ制御
	印刷機，輪転機	モータ制御
	めっき，加熱炉	電力制御，電流制御
	誘導加熱	高周波電力制御
電力設備	周波数変換所	電力変換
	アクティブフィルタ	電力波形補償
	STATCOM	力率補償
発電所	可変速揚水発電	モータ制御
	直流送電	交流直流変換
	燃料電池，風力発電	系統連系
宇宙・航空・船舶	電動航空機	モータ制御
	衛星搭載電源	太陽電池
	電気推進船	モータ制御

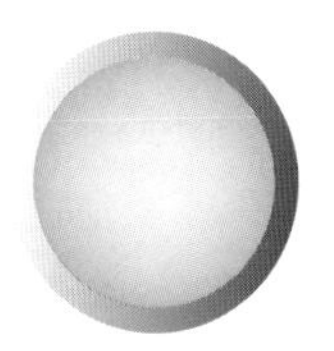

索　引

著 者 略 歴

森本 雅之(もりもと・まさゆき)
1975 年 慶應義塾大学工学部電気工学科卒業
1977 年 慶應義塾大学大学院修士課程修了
1977 年〜2005 年 三菱重工業(株)勤務
1990 年 工学博士(慶應義塾大学)
1994 年〜2004 年 名古屋工業大学非常勤講師
2005 年〜2018 年 東海大学教授

著書『電気自動車』(森北出版)で 2011 年(社)電気学会第 67 回電気学術振興賞著作賞を受賞.

編集担当 藤原祐介(森北出版)
編集責任 富井 晃(森北出版)
組 版 藤原印刷
印 刷 同
製 本 同

はじめてのパワーエレクトロニクス
—電気の基本からよくわかる—

2020 年 11 月 30 日 第 1 版第 1 刷発行

著 者 森本雅之
発 行 者 森北博巳
発 行 所 **森北出版株式会社**
東京都千代田区富士見 1-4-11(〒102-0071)
電話 03-3265-8341 ／ FAX 03-3264-8709
https://www.morikita.co.jp/
日本書籍出版協会・自然科学書協会 会員
JCOPY <(一社)出版者著作権管理機構 委託出版物>

落丁・乱丁本はお取替えいたします.

Printed in Japan ／ ISBN978-4-627-74421-9